中等职业学校新形态一体化教材

计算机课程建设实验教材

编程基础——Python 语言

常祖国　主　编◎

宗　丽　周新宇　副主编◎

段　欣　主　审◎

電子工業出版社

Publishing House of Electronics Industry

北京・BEIJING

内 容 简 介

本书根据中等职业学校信息技术及相关专业、网络安全类技能大赛相关知识，对 Python 编程的具体应用进行讲解。

本书以项目式教学为主导，配以大量通俗易懂的描述和丰富的示例代码，每个单元都配有结合日常生活的实践任务项目，尽可能地让复杂的问题以简单的形式展现出来。

本书内容覆盖面较广，叙述通俗易懂，实训简洁明了，既可作为初学者的自学教材，也可作为中等职业学校网络信息安全、计算机网络技术、软件与技术应用等计算机相关专业的教材，还可作为中等职业学校网络安全赛项辅导及全国计算机 Python 二级考试参考用书。

本书配有立体化教学资源，包括课件、微课视频、案例程序源码、题库等资源。

图书在版编目（CIP）数据

编程基础：Python 语言 / 常祖国主编. —北京：电子工业出版社，2022.8

ISBN 978-7-121-43606-2

Ⅰ. ①编… Ⅱ. ①常… Ⅲ. ①软件工具—程序设计—中等专业学校—教材 Ⅳ. ①TP311.561

中国版本图书馆 CIP 数据核字（2022）第 090099 号

责任编辑：郑小燕　　文字编辑：张　慧
印　　刷：三河市兴达印务有限公司
装　　订：三河市兴达印务有限公司
出版发行：电子工业出版社
　　　　　北京市海淀区万寿路 173 信箱　邮编　100036
开　　本：880×1 230　1/16　印张：13.25　字数：306 千字
版　　次：2022 年 8 月第 1 版
印　　次：2025 年 2 月第 5 次印刷
定　　价：42.00 元

凡所购买电子工业出版社图书有缺损问题，请向购买书店调换。若书店售缺，请与本社发行部联系，联系及邮购电话：（010）88254888，88258888。

质量投诉请发邮件至 zlts@phei.com.cn，盗版侵权举报请发邮件至 dbqq@phei.com.cn。

本书咨询联系方式：（010）88254617，luomn@phei.com.cn。

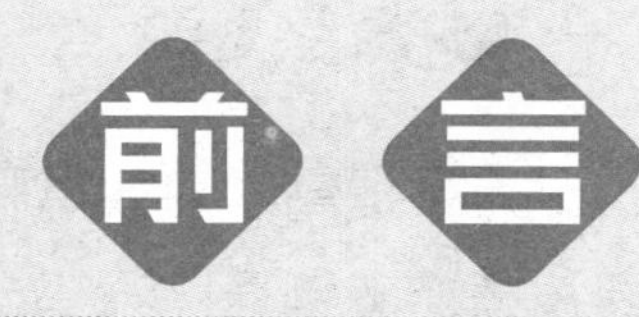

PREFACE

前言

为建立健全教育质量保障体系，提高职业教育质量，教育部于 2014 年颁布了中等职业学校专业教学标准（以下简称“专业教学标准”）。专业教学标准是指导和管理中等职业学校教学工作的主要依据，是保证教育教学质量和人才培养规格的纲领性教学文件。“教育部办公厅关于公布首批《中等职业学校专业教学标准（试行）》目录的通知”（教职成厅〔2014〕11 号文）中强调，“专业教学标准是开展专业教学的基本文件，是明确培养目标和规格、组织实施教学、规范教学管理、加强专业建设、开发教材和学习资源的基本依据，是评估教育教学质量的主要标尺，同时也是用人单位选用中等职业学校毕业生的重要参考”。

■ 本书特色

本书根据中等职业学校信息技术及相关专业、网络安全类技能大赛相关知识，对 Python 编程的具体应用进行讲解。

本书以项目式教学为主导，配以大量通俗易懂的描述和丰富的示例代码，每个单元都配有结合日常生活的实践项目，通过 17 个项目、32 个任务，尽可能将复杂的问题以简单的形式解决；通过“教、学、做”一体化教学，使学生掌握程序设计的基本方法并逐步形成正确的程序设计思想，从而使其能够熟练地使用 Python 进行程序设计并具备初步调试程序的能力，为后续课程及其他程序设计课程的学习和应用打下基础。

本书内容覆盖面较广，叙述通俗易懂，实训简洁明了，既可作为初学者的自学教材，也可作为中等职业学校网络信息安全、计算机网络技术、软件与技术应用等计算机相关专业的教材，还可作为中等职业学校网络安全赛项辅导及全国计算机 Python 二级考试参考用书。

■ 本书作者

本书由淄博市工业学校常祖国任主编，宗丽、周新宇任副主编，段欣任主审。在本书的编写过程中，一些职业学校的教师参与了程序测试、试教和修改工作，在此表示衷心的感谢。

■ 教学资源

为了提高学习效率和教学效果，方便教师教学，本书配有立体化教学资源，包括课件、微课视频、案例程序源码、题库等资源。请有需要的教师登录华信教育资源网免费注册后下载，如有问题请在网站留言板留言或与电子工业出版社联系（E-mail:hxedu@phei.com.cn）。

由于编者水平有限，书中难免有疏漏和不妥之处，恳请广大师生和读者批评指正。

编　者

2022年5月

CONTENTS
目录

初次见面，请多指教——Python 基础知识

Python 是一门跨平台的计算机设计语言，是高层次的，结合解释性、编译性、互动性和面向对象的脚本语言。Python 应用范围广泛，设计明确、简单，拥有丰富且强大的库，能够把其他语言制作的各种模块和内容轻松地连接在一起。本模块将针对 Python 开发环境及语法特点等知识进行详细的讲解。

了解 Python 常用开发工具；能够搭建并配置 Python 开发环境；能够编写简单的 Python 程序。

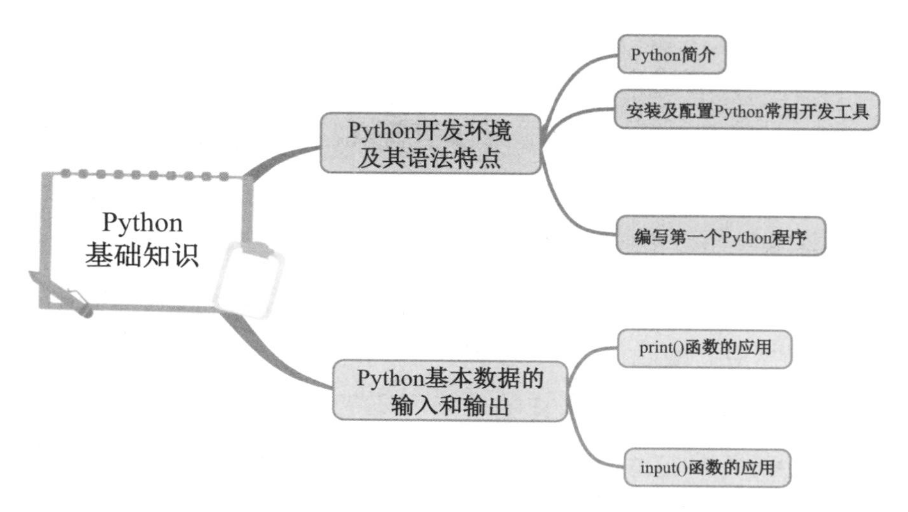

项目 1　Python 开发环境及其语法特点

任务❶　Python 简介

任务描述

本任务主要是在 Windows 64 位系统中搭建 Python 开发环境，并使用 Python 自带的 IDLE 开发工具编写一段测试程序。

任务分析

作为初学 Python 的小白同学，要对 Python 的“前世今生”、特点、应用领域、就业前景有一个大概的了解。俗话说：“欲行千里，先立其志。”在正式学习 Python 这门语言前，需要首先搭建 Python 开发环境。Python 是一门跨平台的计算机设计语言，可以在多种不同的操作系统中进行编程，编写完成的程序也可以在不同的系统中运行。

说明：在 Python 语言的初学阶段推荐使用 Windows 操作系统，本书中的编程均采用 Windows 操作系统。

知识准备

1.1　了解 Python

在 1989 年，一位荷兰计算机程序员在打发时间时决定开发一个新的脚本解释程序，以作为 ABC 语言的继承。ABC 语言虽然强大，却没有普及，所以吉多在开发 Python 时，不仅丰富了其功能，还开发了许多强大的 Python 库，利用这些库，程序员可以把使用其他语言制作的模块轻松地连结在一起。因为其功能强大，Python 语言马上流行了起来，并且被称作“胶水”语言，又因为它的语法简洁明了，在实现功能时所需代码量较小，所以网络上也流传着“人生苦短，我用 Python”的说法。

Python 的开发过程看似随意，但是它的功能并不薄弱，作为一门编程语言，它有着易于学习、易于阅读、易于维护的特点，并且具有很强大的可移植性和可扩展性，不受操作平台的限制。因此，从 2004 年起，Python 的使用率连年攀升，根据 TIOBE 公布的 2003—2019 年编程语言流行榜单夺冠次数统计，Python 荣获 2007 年、2010 年、2018 年三个年度的语言桂冠；在 IEEE Spectrum 2019 公布的十大编程语言排行榜中，Python 稳居榜首，且连续三年夺冠。Python 标志如图 1-1 所示。2003—2019 年编程语言流行榜单夺冠次数统计及 IEEE Spectrum 2019 公布的十大编程语言排行榜如图 1-2 所示。

图 1-1　Python 标志

编程语言	夺冠次数	上榜年份	出现年份
C	3	2019、2017、2008	1972
Python	3	2018、2010、2007	1989
Go	2	2016、2009	2009
Java	2	2015、2005	1992
Objective-C	2	2012、2011	1980
JavaScript	1	2014	1995
Transact-SQL	1	2013	1974
Ruby	1	2006	1995
PHP	1	2004	1995
C++	1	2003	1979

（a）

Rank	Language	Type	Score
1	Python		100.0
2	Java		96.3
3	C		94.4
4	C++		87.5
5	R		81.5
6	JavaScript		79.4
7	C#		74.5
8	Matlab		70.6
9	Swift		69.1
10	Go		68.0

（b）

图 1-2　2003—2019 年编程语言流行榜单夺冠次数统计及 IEEE Spectrum 2019 公布的十大编程语言排行榜

1.2　Python 版本介绍

自 1991 年第一个版本诞生以来，Python 经历过多次迭代，目前市场上有 Python2.x 和 Python3.x 两个版本共存。2000 年发布的 Python2.0 版本构成了现在 Python 语言框架的基础，Python 的真正流行是从 2004 年的 Python2.4 版本开始的。直到 2010 年，Python 经历了 2.5、2.6、2.7 三个版本的迭代。2014 年，Python3.4 版本的发布，开启了 Python 的新时代。为了防止语言结构过于臃肿，Python3.x 并没有考虑向下兼容。同年，官方发布声明，将不再有 Python2.8 版本。目前，Python3.x 版本继续迭代，其稳定版本已更新到 3.8.7。

一般将 Python2.x 称为过去的版本，解释器的名称为 Python；将 Python3.x 称为现在和未来的主流版本，解释器的名称为 Python3。本书将以 Python3 作为解释器进行讲解。

1.3　Python 的应用领域

Python 作为一门简单易懂且功能强大的语言，在互联网上经常能够发现它的身影。以 Python 为基础形成的功能模块及项目种类繁多。Python 的应用主要有以下几个领域。

1. Web 前端开发

Python 拥有很多免费数据函数库、免费 Web 网页模板系统、与 Web 服务器进行交互的库，可以实现 Web 开发、搭建 Web 框架等功能。目前比较有名气的 Python Web 框架为 Django。例如，国内外知名网站，如豆瓣、知乎、百度、春雨医生、谷歌、YouTube、Facebook 等都是利用 Python 开发或基于 Python 技术开发各种业务的。豆瓣网站首页如图 1-3 所示。

图 1-3　豆瓣网站首页

2. 网络编程

Python 非常适合应用于网络编程领域。随着云计算技术的兴起，网络编程已成为一个热门的话题，而 Python 在其中扮演着重要的角色。例如，利用 Python 搭建聊天室、建立 FTP 服务器、自动发送电子邮件等。

3. Python 爬虫开发

在爬虫领域，Python 几乎占据主导地位。Python 将网络中的所有数据作为资源，通过自动化程序进行有针对性的数据采集及处理。借助 Scrapy、Request、Beautifu Soap、urlib 等框架或库的应用，Python 可以实现自如的爬行功能，在网络安全法律法规准许之下，合理地爬取相关数据。Python 爬虫爬取数据的效果如图 1-4 所示。

4. 云计算开发

Python 是从事云计算工作时需要掌握的一门编程语言。目前应用广泛的云计算框架 OpenStack 就是利用 Python 开发的，如果想要深入学习并进行二次开发，就需要具备 Python 的技能。

5. 人工智能

NASA 和 Google 公司在早期开发时曾大量使用 Python，为 Python 积累了丰富的科学运算库。当 AI 时代到来后，Python 从众多编程语言中脱颖而出，各种人工智能算法都基于 Python 编写，尤其在 PyTorch 推出之后，Python 在 AI 时代先进语言中的地位基本确定。

图 1-4　Python 爬虫爬取数据的效果

6．自动化运维

Python 是一门综合性的语言，能满足绝大部分自动化运维的需求，可应用于前端和后端开发。从事自动化运维时，应从设计层面、框架选择、灵活性、扩展性、故障处理及如何优化等层面进行学习。

7．桌面软件

在图形界面开发方面，Python 的功能很强大。可以利用 Python 自有的 tkinter 或 PyQT 框架开发各种桌面软件。如图 1-5 所示是利用 Python 开发的简单加法器。

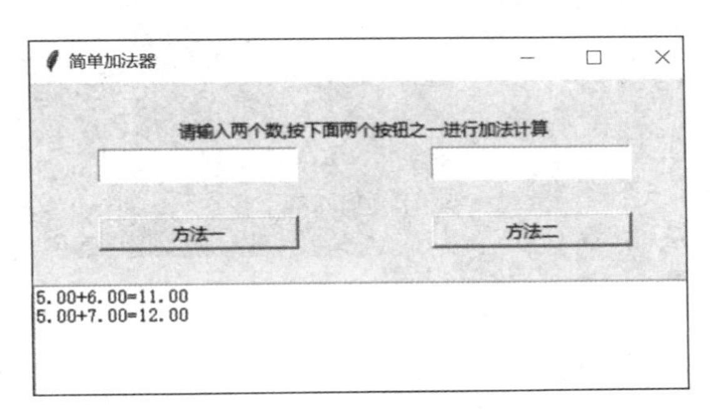

图 1-5　利用 Python 开发的简单加法器

8．金融分析

Python 在应用于金融分析时主要利用 Python 相关模块，主要包括 Numpy、pandas、Scipy 数据分析模块等，常见金融分析策略有“双均线”“周规则交易”“羊驼策略”“Dual Thrust 交易策略”等。如图 1-6 所示为使用 Python 应用“羊驼策略”进行金融分析。

9．科学运算

Python 很适合进行科学运算。自 1997 年开始，NASA 就曾大量使用 Python 进行各种复杂的科学运算。随着 NumPy、SciPy、Matplotlib、Enthought librarys 等众多程序库的开发，Python 越来越适合用于进行科学运算、绘制高质量的 2D/3D 图像。如图 1-7 所示为使用

Python 进行科学运算并绘制 3D 图像。

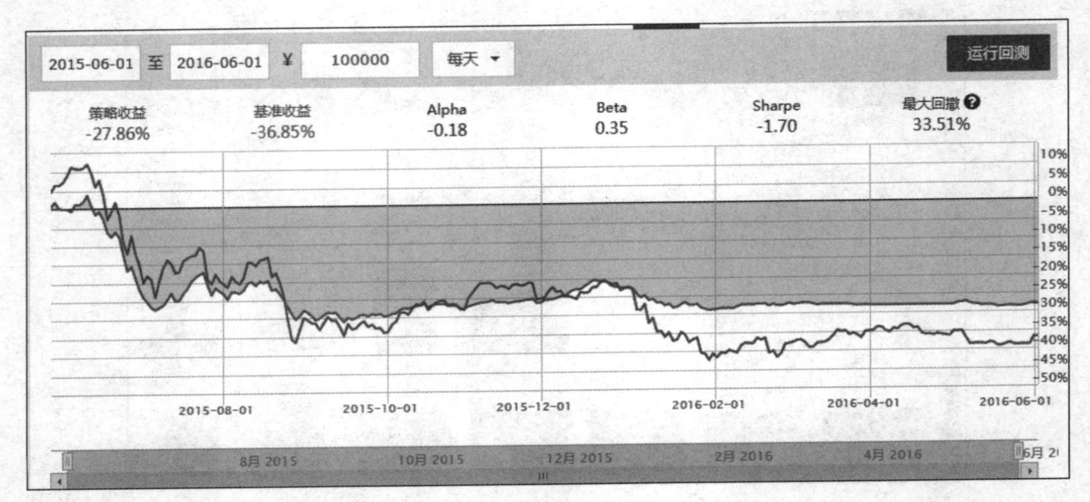

图 1-6　使用 Python 应用“羊驼策略”进行金融分析

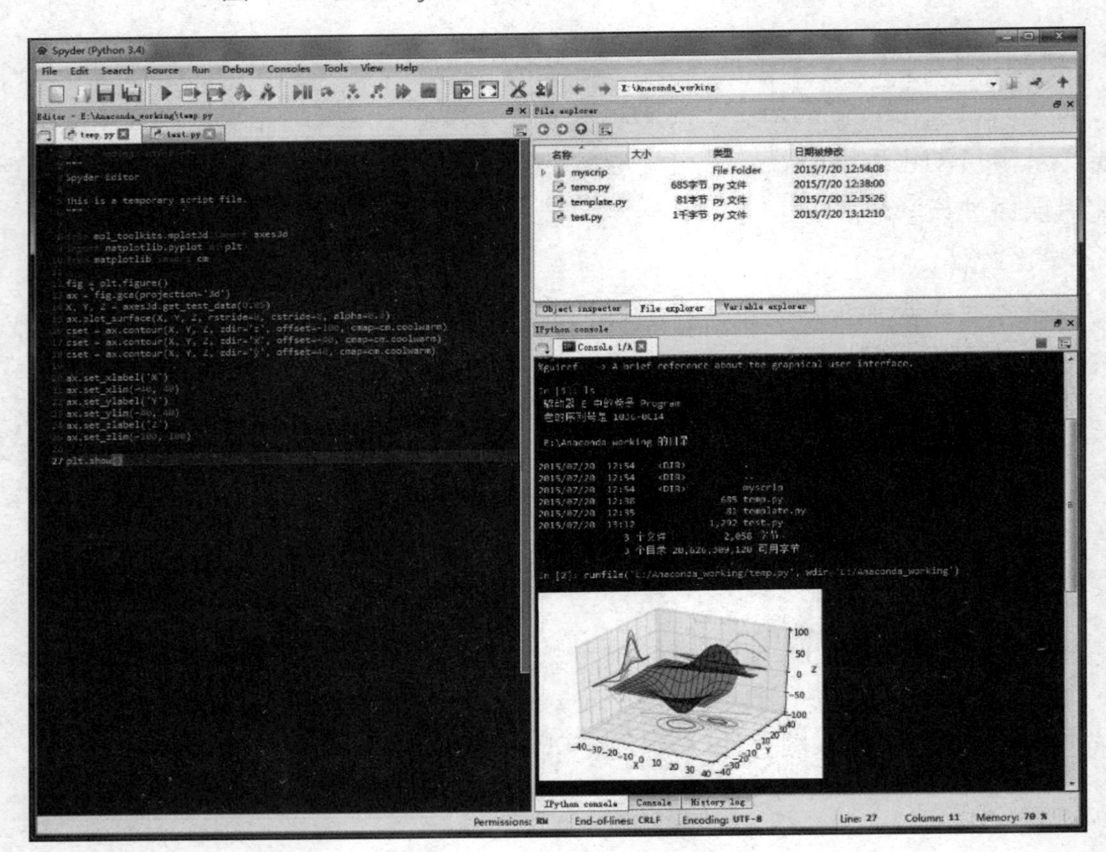

图 1-7　使用 Python 进行科学运算并绘制 3D 图像

10．游戏开发

在网络游戏开发中，Python 也有很多应用。相比于 Lua 和 C++，Python 具备更高阶的抽象能力，可以用更少的代码描述游戏的业务逻辑。Python 在游戏开发领域的应用如图 1-8 所示。

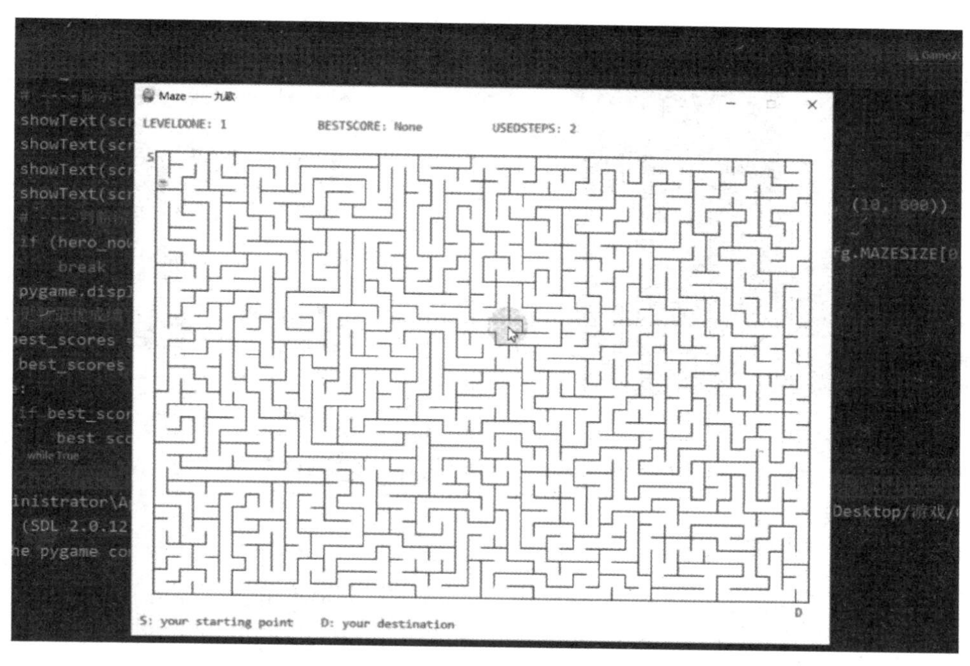

图 1-8　Python 在游戏开发领域的应用

1.4　Python 安装前的准备工作

为了提高开发效率，Python 分别为 32 位操作系统和 64 位操作系统推出了相应的开发工具包。在安装 Python 前，需要明确操作系统的类型，以便正确下载相应版本的安装包。

1．查看操作系统类型

右击桌面“计算机”图标，单击“属性”，在打开的“系统”窗口中，查看“系统类型”是“32 位操作系统”还是“64 位操作系统”。在 Windows 7 系统中查看操作系统类型如图 1-9 所示。在 Windows 10 系统中查看操作系统类型，如图 1-10 所示。

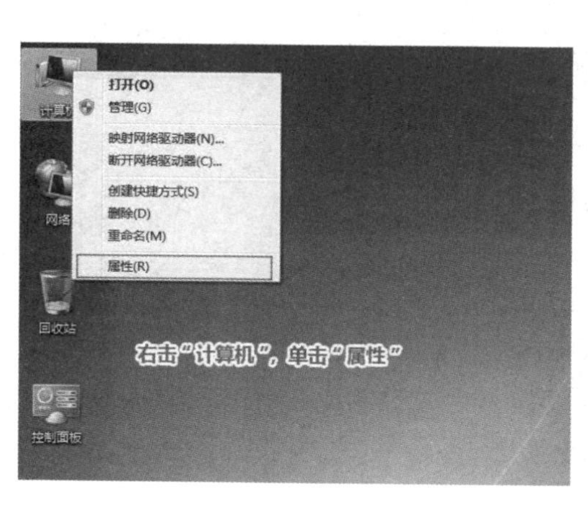

图 1-9　在 Windows 7 系统中查看操作系统类型

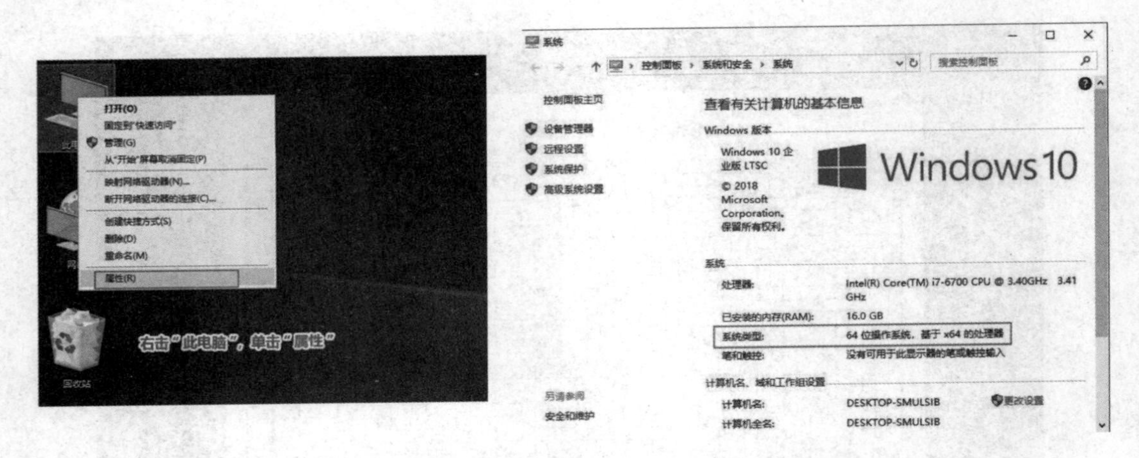

图 1-10　在 Windows 10 系统中查看操作系统类型

2．下载 Python 安装包

登录 Python 官方网站，如图 1-11 所示。单击“Downloads”，打开 Python 安装包的下载页面，选择目前最新的稳定版本 Python3.8.7，如图 1-12 所示。选择 Windows 64 位操作系统安装版本，即 Python3.8.7-64 位版本，如图 1-13 所示。下载完成后的 Python 安装包如图 1-14 所示。

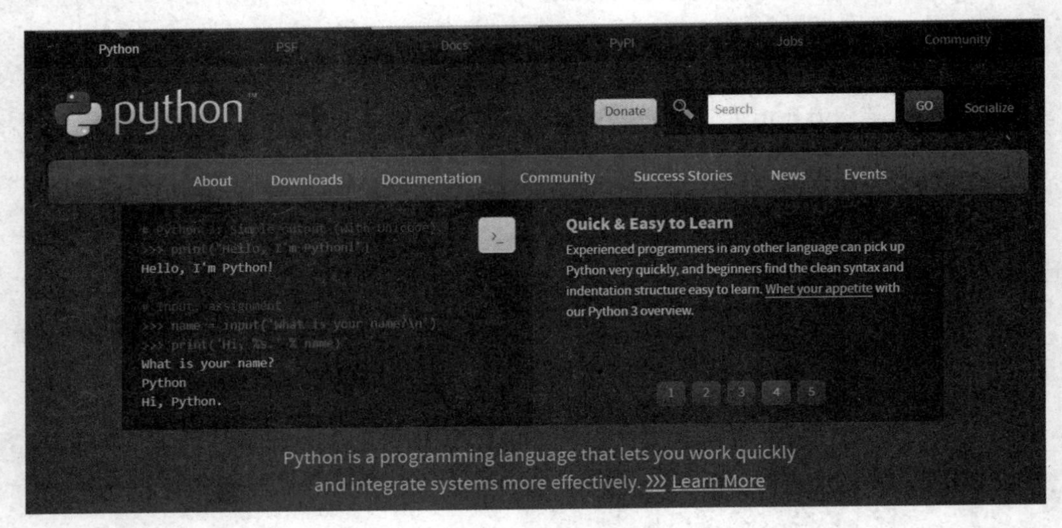

图 1-11　Python 官方网站

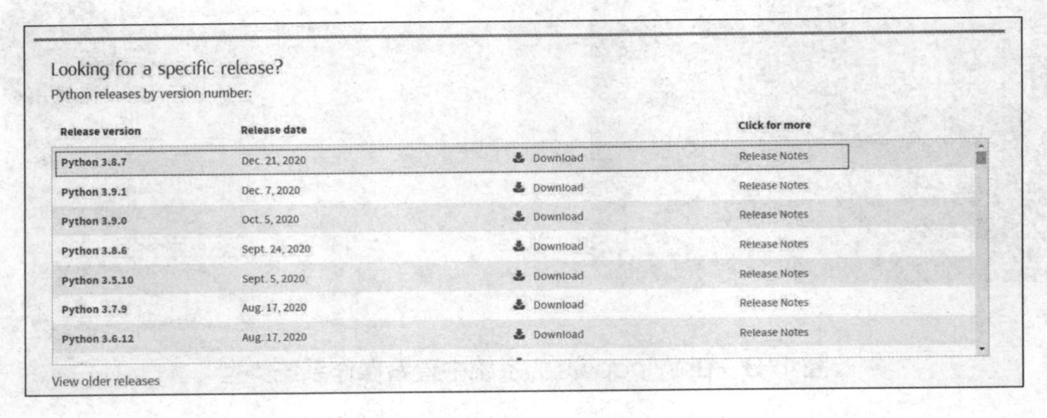

图 1-12　选择 Python 3.8.7 版本

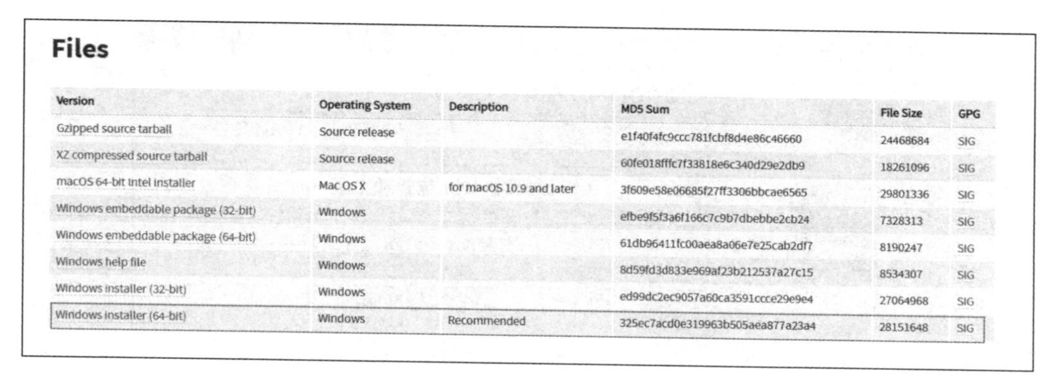

Files

Version	Operating System	Description	MD5 Sum	File Size	GPG
Gzipped source tarball	Source release		e1f40f4fc9ccc781fcbf8d4e86c46660	24468684	SIG
XZ compressed source tarball	Source release		60fe018fffc7f33818e6c340d29e2db9	18261096	SIG
macOS 64-bit Intel installer	Mac OS X	for macOS 10.9 and later	3f609e58e06685f27ff3306bbcae6565	29801336	SIG
Windows embeddable package (32-bit)	Windows		efbe9f5f3a6f166c7c9b7dbebbe2cb24	7328313	SIG
Windows embeddable package (64-bit)	Windows		61db96411fc00aea8a06e7e25cab2df7	8190247	SIG
Windows help file	Windows		8d59fd3d833e969af23b212537a27c15	8534307	SIG
Windows installer (32-bit)	Windows		ed99dc2ec9057a60ca3591ccce29e9e4	27064968	SIG
Windows installer (64-bit)	Windows	Recommended	325ec7acd0e319963b505aea877a23a4	28151648	SIG

图 1-13　选择 Python3.8.7- 64 位版本

python-3.8.7-amd64.exe

图 1-14　下载完成后的 Python 安装包

任务实施

活动 1：在 Windows 64 位系统中安装 Python

（1）双击已下载的 Python 安装包，打开安装向导，如图 1-15 所示。勾选“Add Python 3.8 to PATH”选项，安装时会自动把 Python 主程序的执行路径加入系统的环境变量中。如果不勾选该选项，则安装完成后需要将 Python 主程序的执行路径手动添加到系统的环境变量中。

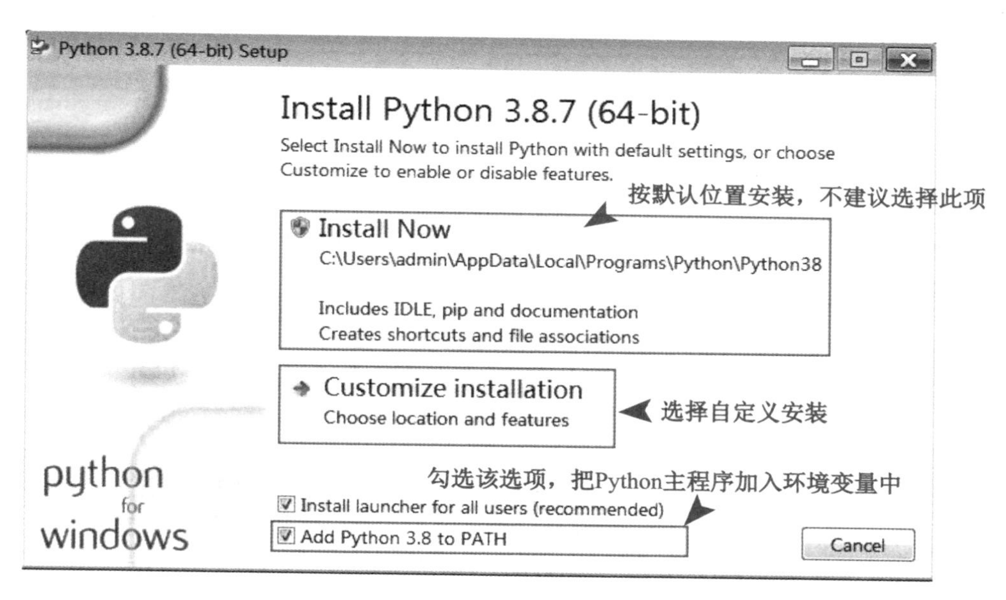

图 1-15　Python 安装向导

（2）单击“Customize installation”进行自定义安装，打开安装向导的自定义选项界面，在该界面中勾选全部选项，各选项的说明如图 1-16 所示。

（3）单击“Next”按钮继续安装，打开如图 1-17 所示的安装向导的高级选项界面，在该界面中自定义 Python 的安装路径。

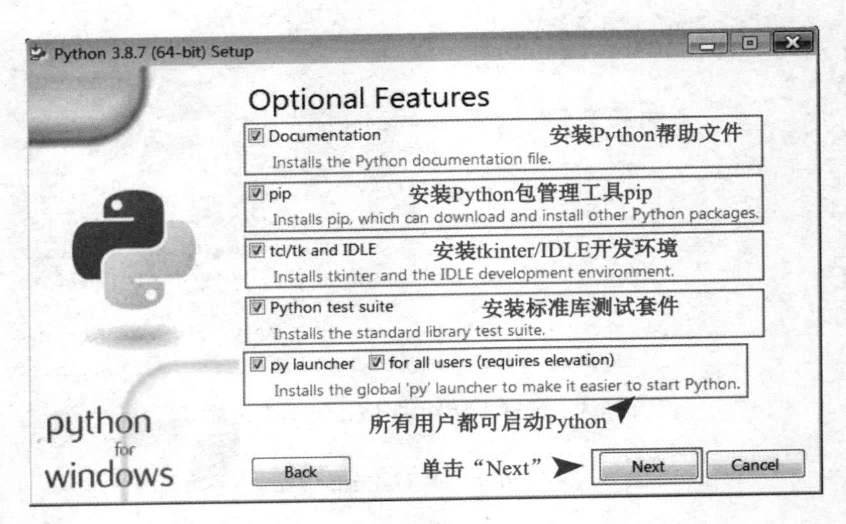

图 1-16　Python 安装向导的自定义选项界面

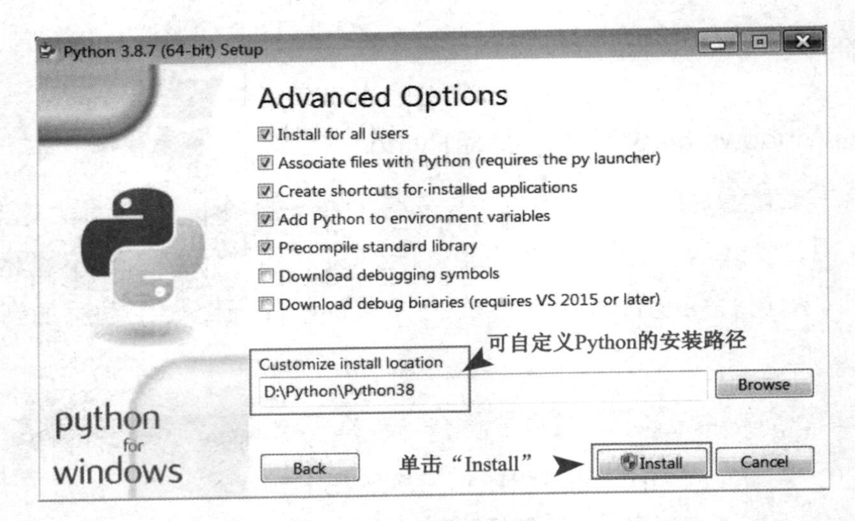

图 1-17　Python 安装向导的高级选项界面

（4）单击"Install"按钮，等待程序自动安装，安装成功后，界面中出现"Setup was successful"提示，如图 1-18 所示，说明安装成功。单击"Close"按钮，关闭安装向导。

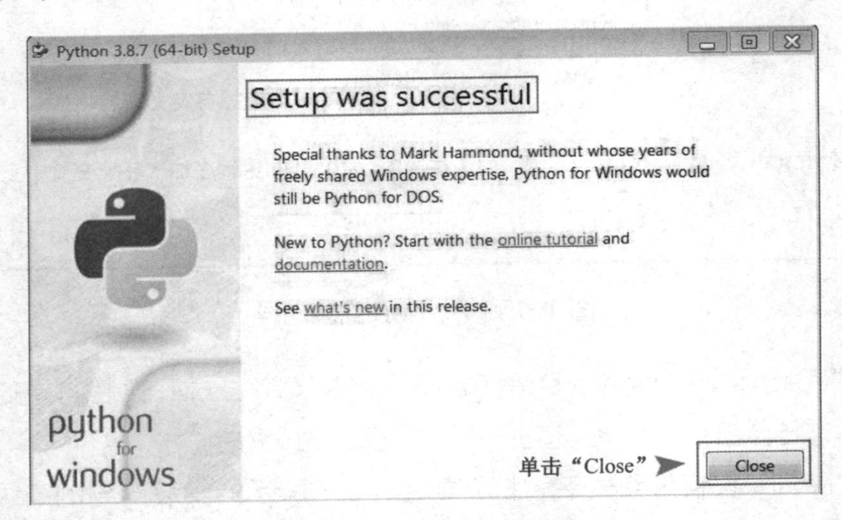

图 1-18　Python 安装成功界面

（5）测试 Python 是否安装成功。

在 Windows 7 系统中单击“开始”菜单，在“搜索”框中输入“CMD”，打开 CMD 命令行窗口，或者按【⊞+R】组合键，弹出“运行”对话框，输入“CMD”命令，打开 CMD 命令行窗口。在 CMD 命令提示符下输入“python”，按回车键，进入如图 1-19 所示的 Python 解释器交互模式，说明 Python 安装成功。

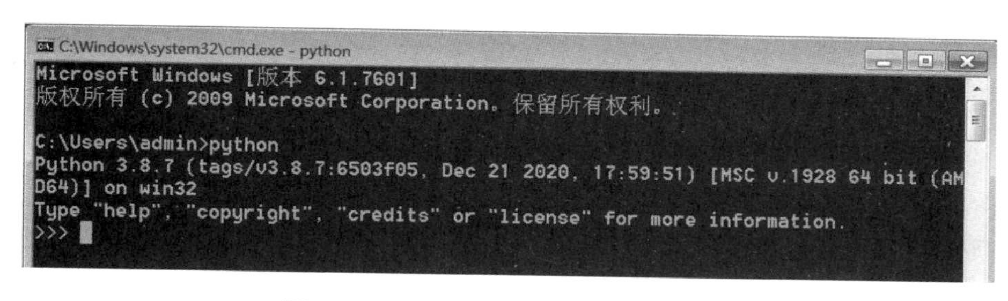

图 1-19　Python 解释器交互模式

活动 2：编写“I love Python!!!”测试程序

1. 在 CMD 命令行窗口中启动 Python 解释器交互模式以实现 Python 程序

【实例 1-1】利用 print( )函数打印输出“I love Python!!!”。

实现步骤：

（1）按【⊞+R】组合键，弹出“运行”对话框，输入“CMD”命令，打开 CMD 命令行窗口，在 CMD 命令提示符下输入“python”，按回车键，进入 Python 解释器交互模式。

（2）在 Python 解释器交互模式的“>>>”提示符下输入如下代码。

```
print("I love Python!!!")
```

按回车键，利用 print( )函数输出“I love Python!!!”，如图 1-20 所示。

```
C:\Windows\system32\cmd.exe - python
Microsoft Windows [版本 6.1.7601]
版权所有 (c) 2009 Microsoft Corporation。保留所有权利。

C:\Users\admin>python
Python 3.8.7 (tags/v3.8.7:6503f05, Dec 21 2020, 17:59:51) [MSC v.1928 64 bit (AM
D64)] on win32
Type "help", "copyright", "credits" or "license" for more information.
>>> print("I love Python!!!")
I love Python!!!
>>>
```

图 1-20　利用 print( )函数输出“I love Python!!!”

提示：

在上面的代码中 print 为小写，所输入的小括号、引号、叹号均为英文半角格式。

2. 利用 Python 自带的 IDLE 开发工具实现 Python 程序

【实例 1-2】利用 IDLE 开发工具实现 Python 程序。

实现步骤：

（1）在 Windows 7 系统中单击“开始所有程序→Python3.8→IDLE(Python 3.8 64-bit)”，打开“IDLE Shell 3.8.7”窗口，如图 1-21 所示。

（2）在“IDEL Shell 3.8.7”窗口中的“>>>”提示符下输入如下代码。

```
print("I love Python!!!")
I love Python! ! !
```

按回车键，输出结果如图 1-22 所示。

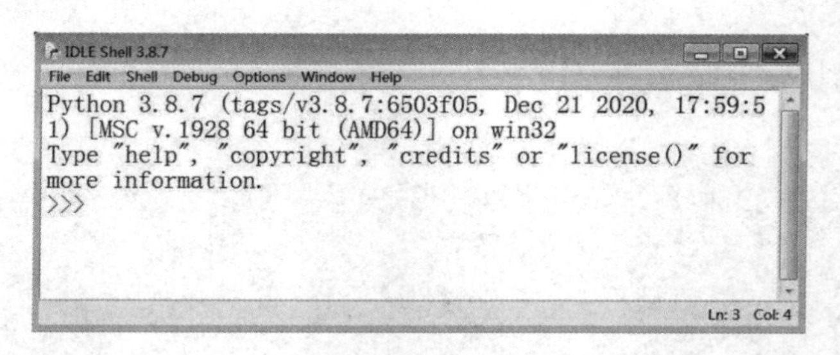

图 1-21　打开“IDLE Shell 3.8.7”窗口

```
Python 3.8.7 (tags/v3.8.7:6503f05, Dec 21 2020, 17:59:51) [MSC v.1928 64 bit (AMD64)] on win32
Type "help", "copyright", "credits" or "license()" for more information.
>>> print("I love Python!!!")
I love Python!!!
>>>
```

图 1-22　利用 IDLE 开发工具实现 Python 程序输出

任务总结

本任务主要介绍了 Python 的发展进程与应用领域、Python 程序的下载与安装、利用 CMD 命令行窗口启动 Python 解释器交互模式以实现 Python 程序、利用 Python 自带的 IDLE 开发工具实现 Python 程序。

任务检测

（1）简述 Python 的应用领域。

（2）操作系统类型分为 32 位和 64 位，它们有什么区别？

（3）Python 安装向导中，勾选“Add Python 3.8 to PATH”选项有什么作用？如果没有勾选该选项，那么安装完成后如何配置主程序的执行路径？

（4）Python 的 print( )函数有什么作用？如果在提示符下输入“PYTHON”，解释器会执行吗？

任务拓展

（1）利用 IDLE 开发工具输出如图 1-23 所示的图案。（注：该图案可参考本书提供的课程资源包）

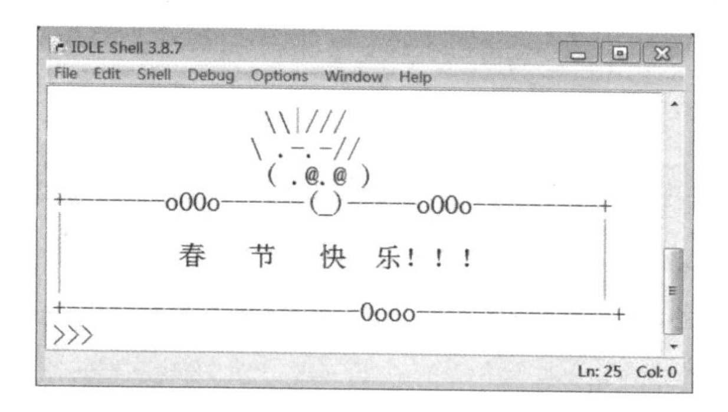

图 1-23　输出“春节快乐！！！”图案

提示:

Python 中，三引号(''' ... ''')或（""" ... """）是字符串定界符。如果三引号作为语句的一部分出现时，就不是注释，而是字符串。

（2）利用 IDLE 开发工具输出如图 1-24 所示的多行文字。

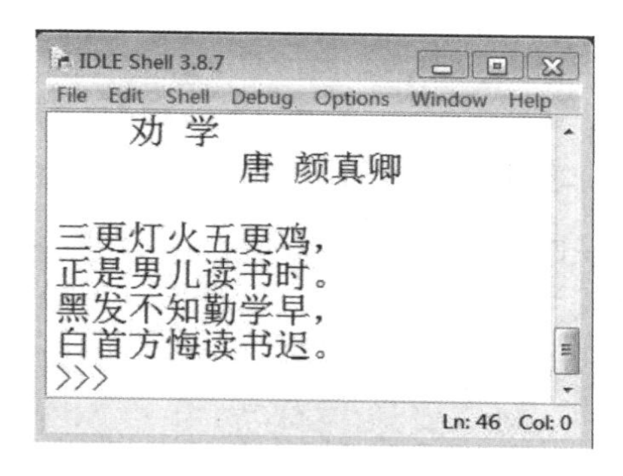

图 1-24　输出多行文字

提示:

Python 中输出语句的换行使用“\n”。

任务❷ 安装及配置 Python 常用开发工具

任务描述

“工欲善其事，必先利其器”，在 Python 程序的开发过程中，为了提高开发效率，我们经常会使用 Python 自带的开发工具 IDLE 或第三方开发工具 PyCharm、Sublime Text、Microsoft Visual Studio、Eclipse+Pydev 等进行开发。Python 的第三方开发工具不仅具备一般 Python IDLE 的功能，而且还拥有更友好、便捷的语法高亮、智能缩进、函数调用提示、代码跳转、版本控制等功能。本任务介绍 Python 自带 IDLE 开发工具的使用，以及 PyCharm、Sublime Text 的安装配置。

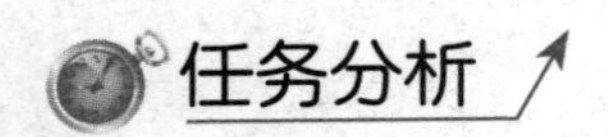

任务分析

本任务安装及配置 Python 常用开发工具，要求熟悉 Python 自带的 IDLE 开发工具的使用方法，掌握第三方开发工具 PyCharm 的安装、配置及使用。

知识准备

1.5 Python 常用开发工具

1. IDLE 开发工具

IDLE 开发工具是 Python 内置的开发与学习环境。

IDLE 开发工具具有以下特性。

（1）是 Python 自带并应用 Python 第三方库的图形接口库 Tkinter 开发的一个图形界面的开发工具。

（2）跨平台，在 Windows、UNIX 和 macOS 中的工作方式均相似。

（3）提供输入/输出高亮和错误信息的 Python 命令行窗口（解释器交互模式）。

（4）提供具有多次撤销操作、Python 语法高亮、智能缩进、函数调用提示、自动补全等功能的多窗口文本编辑器。

（5）提供具有持久保存的断点调试、单步调试、查看本地和全局命名空间功能的调试器。

（6）拥有配置、浏览及其他对话框。

IDLE 开发工具提供的常用快捷键如表 1-1 所示。

表 1-1 IDLE 开发工具提供的常用快捷键和组合键

快 捷 键	说 明	适 用 范 围
F1	打开 Python 帮助文档	Python 文件窗口和 Python Shell 窗口均可用
Alt+P	浏览历史命令（上一条）	仅 Python Shell 窗口可用
Alt+N	浏览历史命令（下一条）	仅 Python Shell 窗口可用
Alt+/	自动补全曾经出现过的单词，如果之前有多个单词具有相同前缀，则可以通过连续按下该快捷键，在多个单词中循环选择	Python 文件窗口和 Python Shell 窗口均可用
Alt+3	注释代码块	仅 Python 文件窗口可用
Alt+4	取消注释代码块	仅 Python 文件窗口可用
Alt+G	转到某一行	仅 Python 文件窗口可用
Ctrl+Z	撤销操作	Python 文件窗口和 Python Shell 窗口均可用
Ctrl+Shift+Z	恢复上一步的撤销操作	Python 文件窗口和 Python Shell 窗口均可用
Ctrl+S	保存文件	Python 文件窗口和 Python Shell 窗口均可用
Ctrl+]	缩进代码块	仅 Python 文件窗口可用
Ctrl+[	取消缩进代码块	仅 Python 文件窗口可用
Ctrl+F6	重新启动 Python Shell	仅 Python Shell 窗口可用

2. PyCharm 开发工具

PyCharm 开发工具是由 JetBrains 打造的一款 Python IDLE 开发工具。

PyCharm 开发工具具备一般的 Python IDLE 的功能，如调试、语法高亮、项目管理、代码跳转、智能提示、自动完成、单元测试、版本控制等。PyCharm 开发工具还提供了一些很好的功能以用于 Django 开发。

（1）PyCharm 开发工具的官方网站如图 1-25 所示。

（2）选择 Community（免费社区版），其功能完全满足应用，单击“Download”按钮将安装包下载到本地，下载后的安装包如图 1-26 所示。

图 1-25　PyCharm 开发工具的官方网站

pycharm-community-2020.3.2

图 1-26　PyCharm-community（免费社区版）安装包

3. Thonny 开发工具

Thonny 是基于 Python 开发的一款轻量级的 Python IDE 开发工具。Thonny 开发工具可以提供语法着色、代码自动补全和 debug 等功能，新版本中还增加了语法和 UI 主题、断点和不同的调试模式、辅助视图等功能，可大大提高开发效率。

Thonny3 的新功能有：语法和 UI 的主题、断点和不同的调试模式、核心内置对 MicroPythonCore 的支持、辅助视图，以及对代码执行静态分析并尝试解释错误消息、调试时可后退一步、Windows 安装程序允许为所有用户安装 Thonny 开发工具。

Thonny 开发工具是一个跨平台的编辑器，同时支持 Windows、Linux、Mac 等操作系统。

（1）Thonny 开发工具的官方网站如图 1-27 所示。

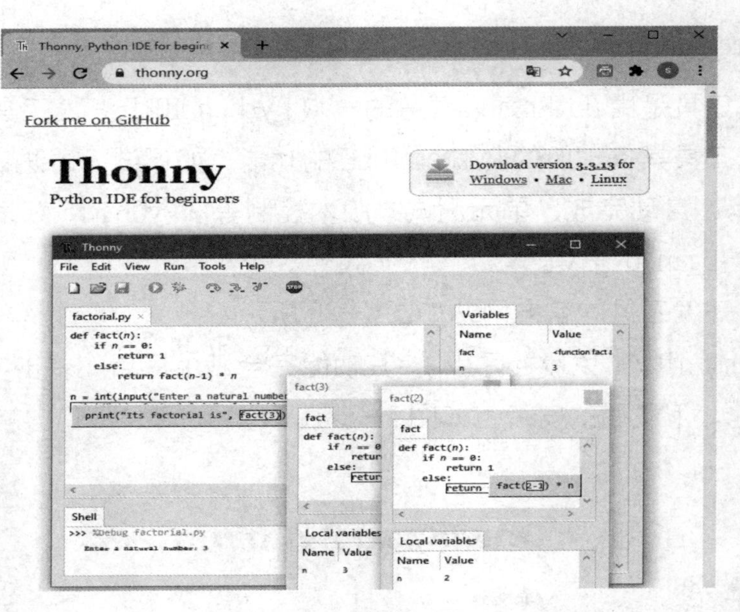

图 1-27　Thonny 开发工具的官方网站

（2）根据操作系统类型，选择相应的程序安装包，如图 1-28 所示。

图 1-28　选择 Thonny 开发工具安装包

任务实施

活动 1：使用 Python 自带的 IDLE 开发工具

IDLE 开发工具是与 Python 一起安装的，在安装时应确保选择了 Td/Tk 组件，默认该组件处于选择状态。下面将详细介绍如何使用 IDLE 开发工具开发 Python 程序。

1．启动 IDLE 开发工具，并在 IDLE 开发工具中编写代码

单击“开始→所有程序→Python3.8→IDLE（PythonGUI）”，启动 IDLE 开发工具。IDLE 开发工具启动后的初始窗口如图 1-29 所示。在该交互模式下每次只能输入一行 Python 代码。

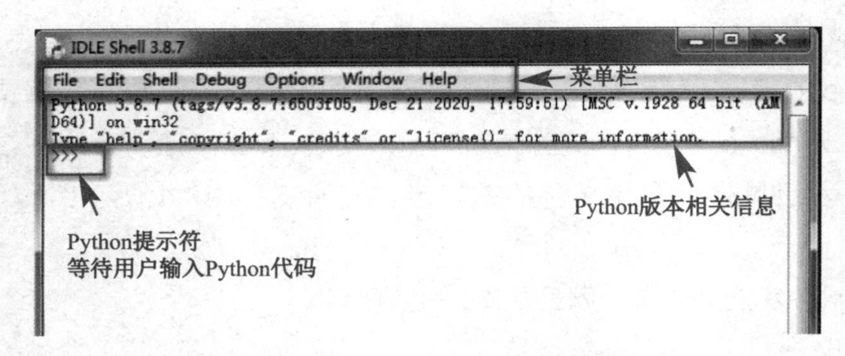

图 1-29　IDLE 开发工具启动后的初始窗口

2. 在 IDLE 开发工具中编写多行 Python 代码，并保存为一个文件以批量执行

在 IDLE 开发工具的菜单栏中单击 “File→New File”，创建多行 Python 代码编写文件窗口，如图 1-30 所示。在该窗口中可以编写 Python 代码，每编写完一行后按回车键，输入下一行代码，IDLE 开发工具会根据代码的从属关系智能缩进。

图 1-30 创建多行 Python 代码编写文件窗口

3. 在“新建文件”编辑窗口中，编写 Python 代码并执行

编写如下打印九九乘法表的代码，打印九九乘法表效果如图 1-31 所示。

```
for x in range(1,10):
    for y in range(1,x+1):
        print('%d*%d=%d'%(x,y,x*y),end='\t')
    print( )
```

说明：

对于上述代码的具体含义，后面章节会详细地介绍，这里首先按照代码格式将其输入 IDLE 开发工具，代码中所有字符全部采用英文半角格式输入。

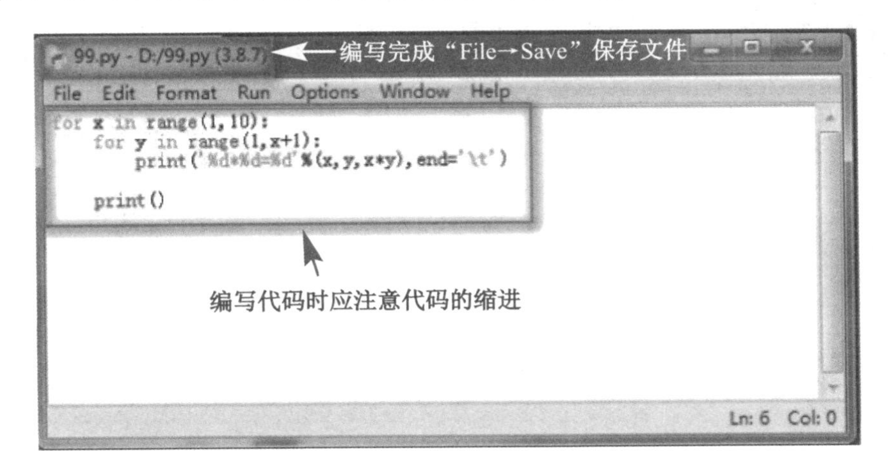

图 1-31 打印九九乘法表效果

编写完成后，在 IDLE 开发工具菜单栏中单击 “File→Save” 保存，或者按【Ctrl+S】

组合键保存，将文件命名为“99.py”。

4．在 IDLE 开发工具中执行多行 Python 代码

Python 文件保存后，在 IDLE 开发工具菜单栏中单击“Run→Run Module”，或者按【F5】快捷键运行程序，此时将在打开“IDLE Shell”窗口中显示运行结果，如图 1-32 所示。

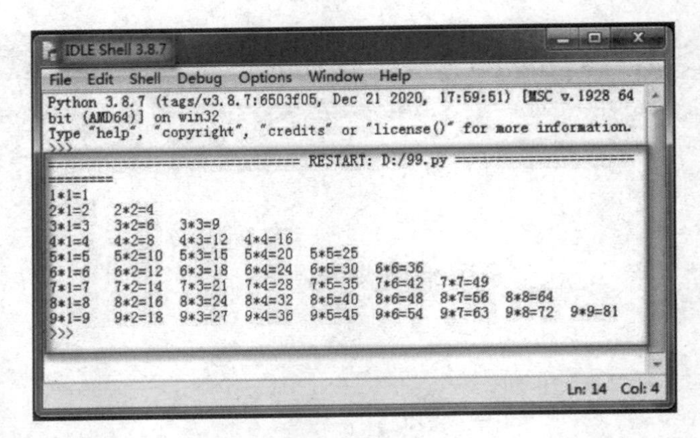

图 1-32　程序运行结果在“IDLE Shell”窗口中显示

5．在 IDLE 开发工具中对 Python 代码进行调试

在“IDLE Shell”窗口中，在菜单栏中单击“Debug→Debugger”，启动 IDLE 开发工具的交互式调试器。打开“Debug Control”窗口后，当“Python Shell”窗口中输出[DEBUG ON]并后跟一个“>>>”提示符时，就可以使用“Python Shell”窗口了，只不过任何命令都是在调试器下输入的。

在“Debug Control”窗口可以查看局部变量和全局变量等内容，如图 1-33 所示。如果要退出调试器，则可再次在菜单栏中单击“Debug→Debugger”，IDLE 开发工具会关闭“Debug Control”窗口，并在“Python Shell”窗口中输出[DEBUG OFF]。

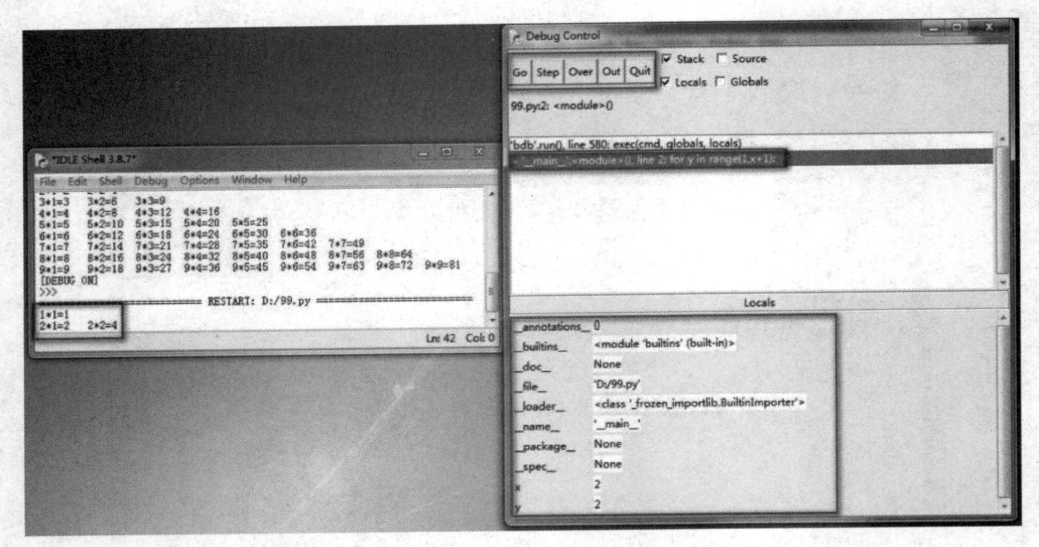

图 1-33　“Debug Control”窗口

6．IDLE 配置使用

在 IDLE 开发工具菜单栏中单击“Options→Configure IDLE”，在弹出的“Settings”对

话框中设置字体、语法高亮和快捷键等参数，设置完成后单击“OK”或“Apply”按钮，设置就会立即生效，如图 1-34 所示。

活动 2：第三方 Python 开发工具 PyCharm 的安装

（1）双击 PyCharm 安装包，打开 PyCharm 安装窗口，如图 1-35 所示，单击“Next”按钮。

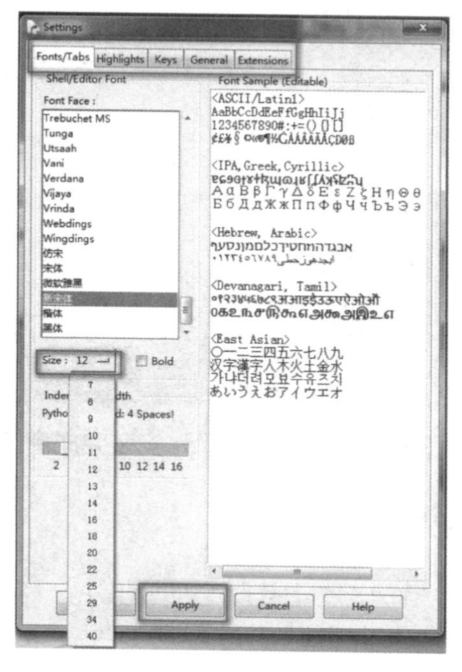

图 1-34 “Settings”对话框

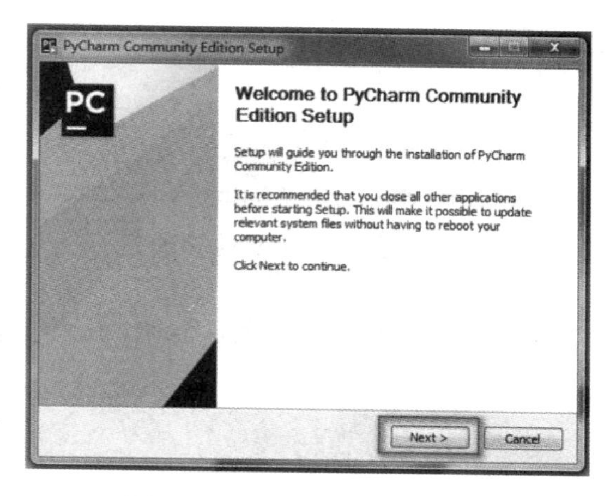

图 1-35 PyCharm 安装窗口

（2）选择安装目录，由于 PyCharm 需要的内存较多，因此建议将其安装在 D 盘或 E 盘，不建议安装在系统盘（C 盘），如图 1-36 所示。

（3）单击“Next”按钮，进入“Installation Options”（安装选项）窗口，如图 1-37 所示。

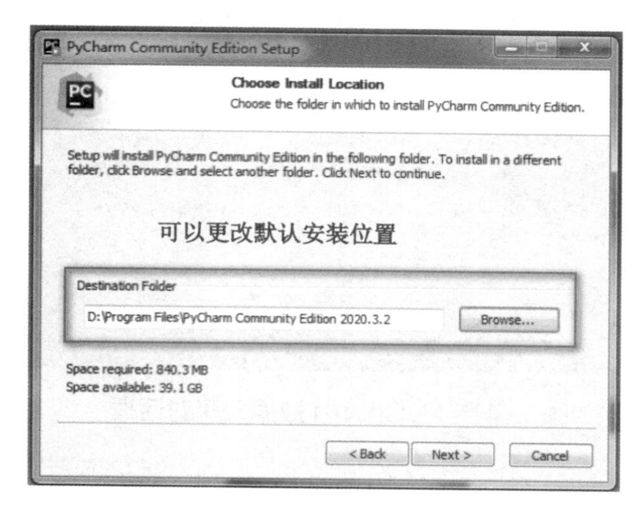

图 1-36 选择 PyCharm 安装位置

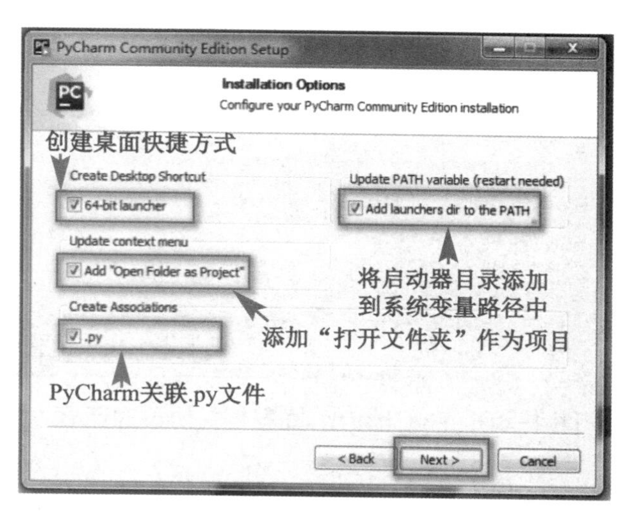

图 1-37 安装选项窗口

（4）单击“Next”按钮，打开“Choose Start Menu Folder”（选择开始菜单文件夹）窗口，如图 1-38 所示，单击“Install”按钮。

（5）打开 PyCharm 安装完成窗口，单击“Finish”按钮，完成 PyCharm 的安装，如图 1-39 所示。

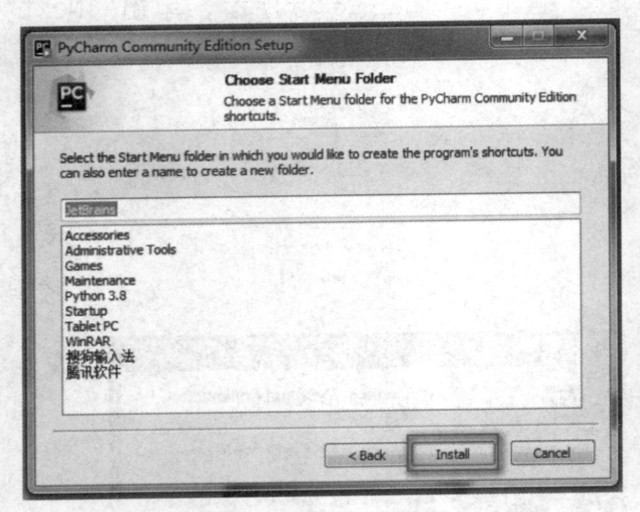

图 1-38　选择开始菜单文件夹窗口

图 1-39　PyCharm 安装完成窗口

活动 3：第三方 Python PyCharm 开发工具的配置

（1）双击桌面上的 PyCharm 快捷方式图标，启动 PyCharm Communit，在弹出的“JetBrains Privacy Policy”（PyCharm 同意相关协议）对话框中选择同意相关协议，如图 1-40 所示，单击“Continue”按钮。

（2）在弹出的“DATA SHARING”（PyCharm 数据分享）对话框中单击“Send Anonymous Statistics”或“Don't Send”按钮，如图 1-41 所示。

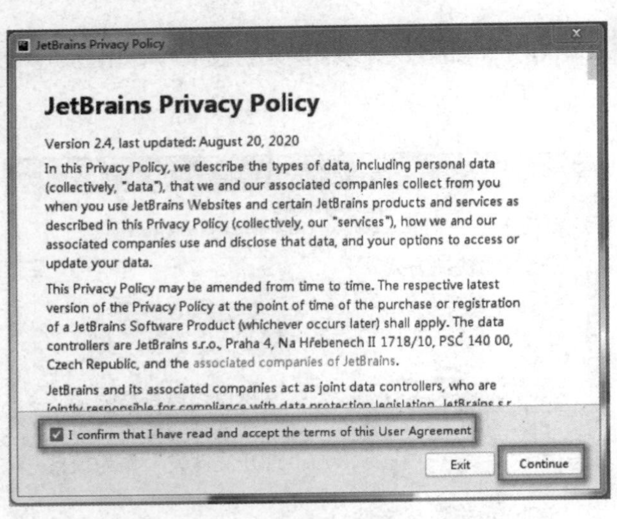

图 1-40　PyCharm 同意相关协议对话框

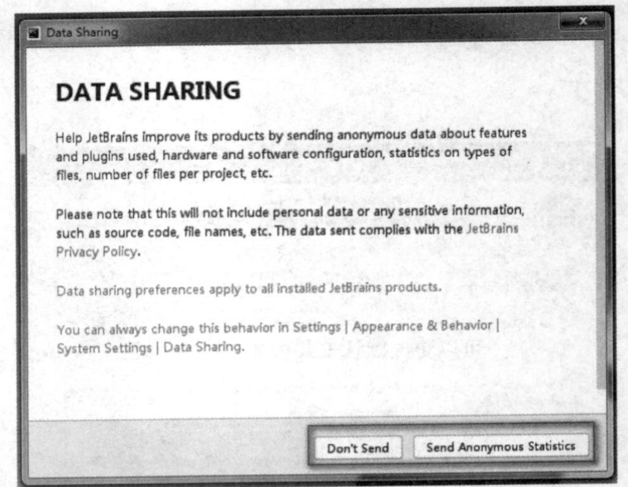

图 1-41　PyCharm 数据分享对话框

（3）打开“Welcome to PyCharm”（PyCharm 欢迎）窗口，如图 1-42 所示，可选择“Open”（打开）或“New Project”（PyCharm 新建项目）。选择“New Project”将新建一个项目，

并打开“New Project”（PyCharm 新项目配置）窗口，如图 1-43 所示，单击“Create”按钮新建一个项目，如图 1-44 所示。

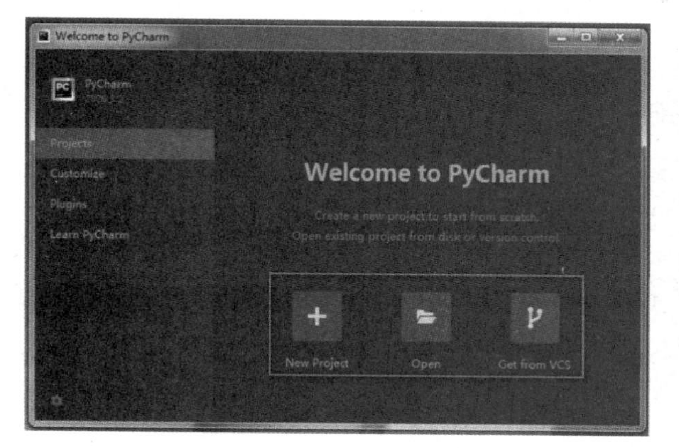

图 1-42　PyCharm 欢迎窗口

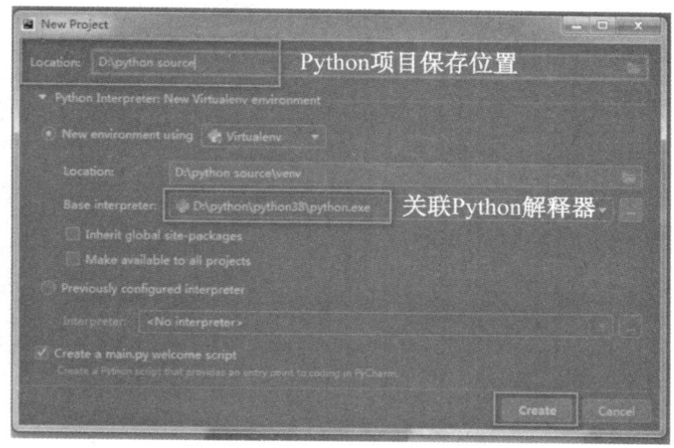

图 1-43　PyCharm 新项目配置窗口

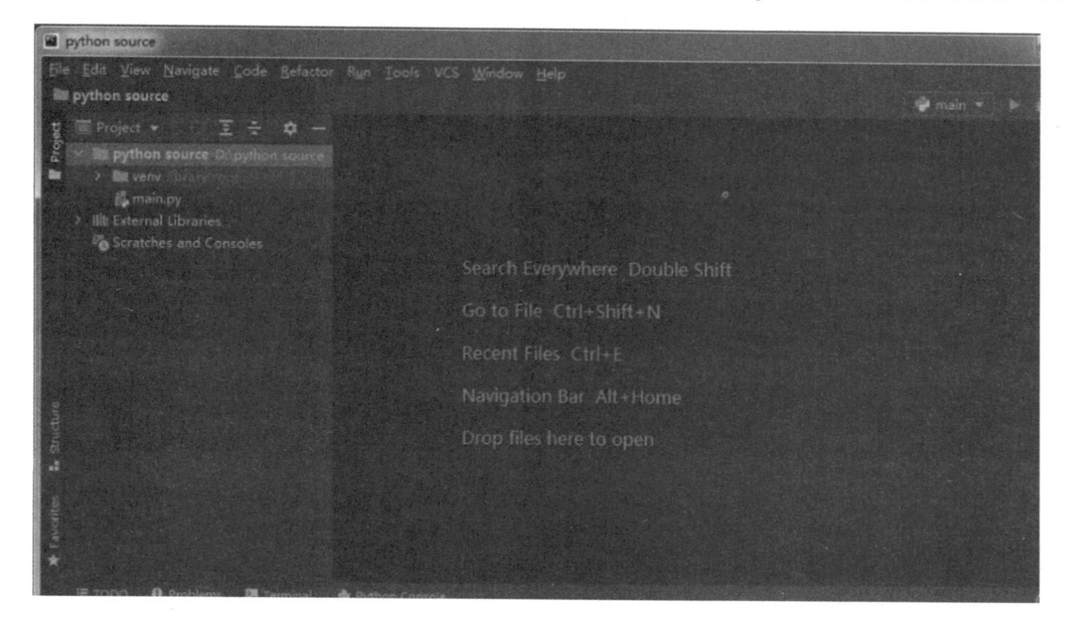

图 1-44　新建项目

（4）修改 PyCharm 主题、界面字体、界面字号、代码编辑区字体字号、解释器等设置。

在 PyCharm 菜单中单击“File→Settings→Appearance & Behavior→Appearance→Theme”，在打开的“Settings”窗口中，根据需要设置相应的主题外观，设置“Use custom font”及“Size”以分别自定义字体及字号，如图 1-45 所示。设置完成后，单击“OK”或“Apply”按钮，设置立即生效，设置后的参数如图 1-46 所示。单击“Settings→Editor→Font”以设置编辑区代码的字体、字号，如图 1-47 所示。单击“Settings→Editor→Project: python source→Python Interpreter”，更改项目解释器及在线安装 Python 模块包，如图 1-48 所示。

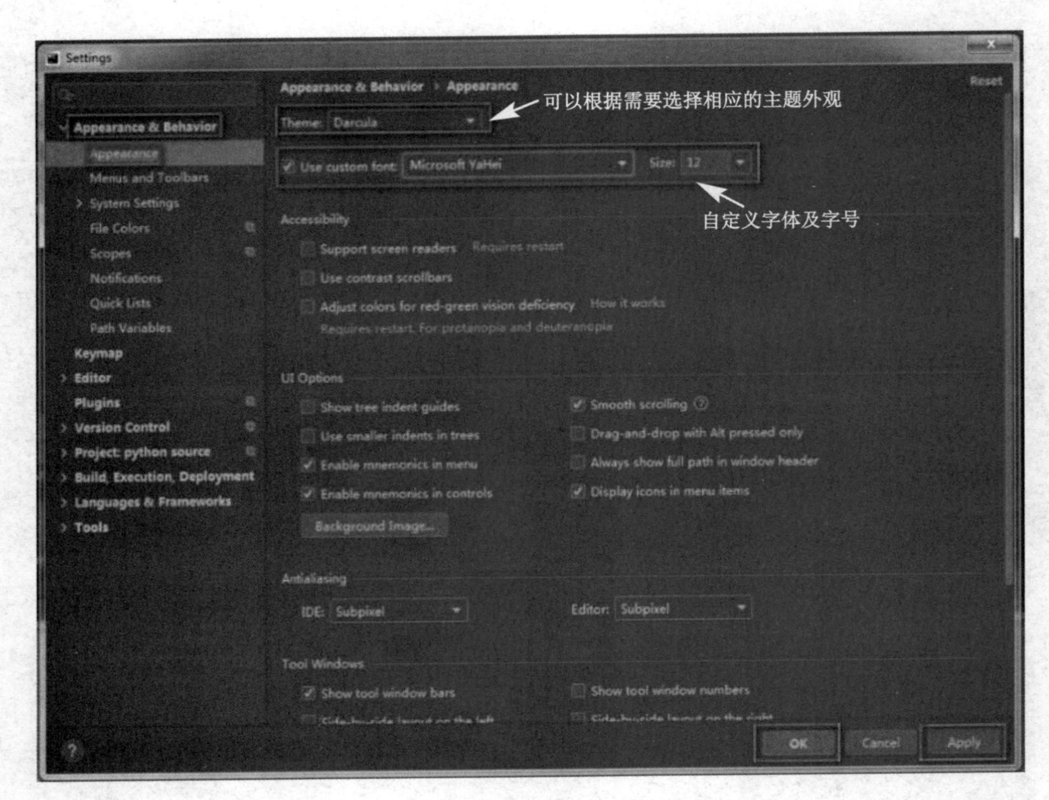

图 1-45　设置主题外观及字体、字号

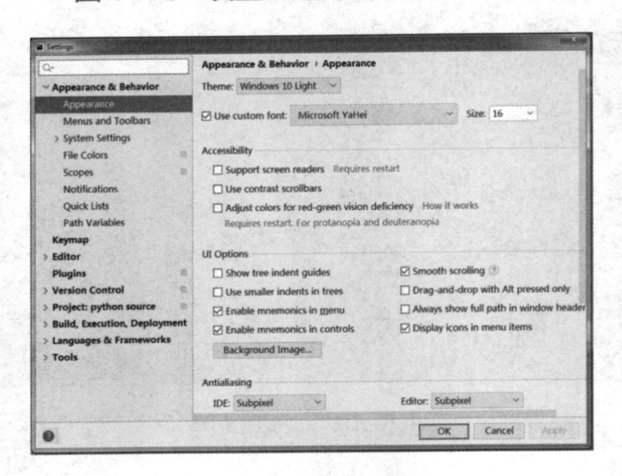

图 1-46　设置后的参数

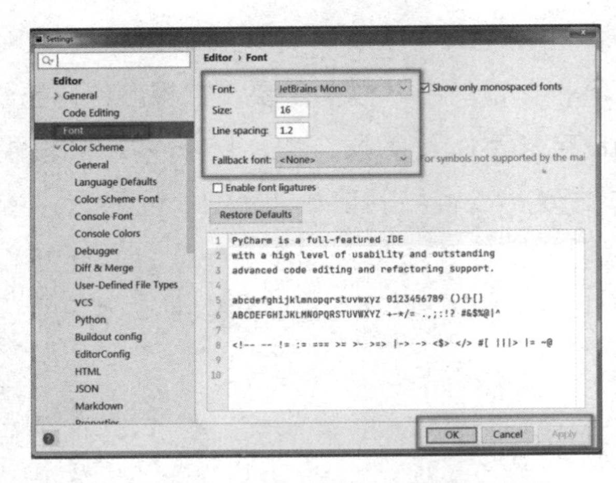

图 1-47　设置编辑区代码字体、字号

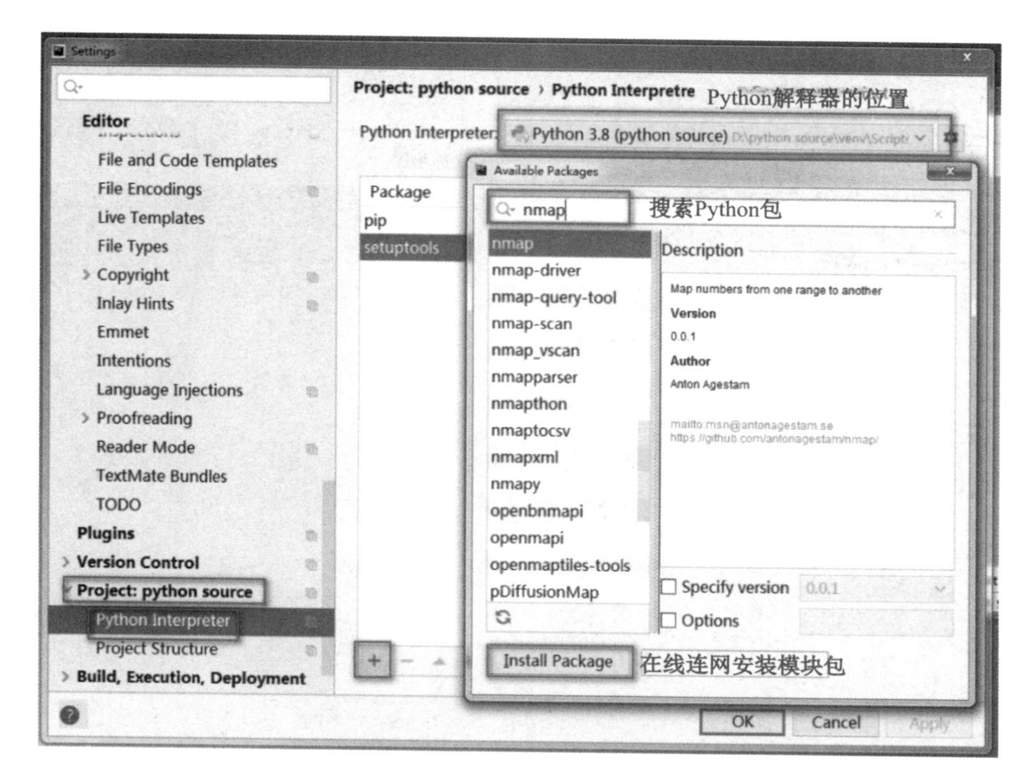

图 1-48　更改项目解释器及在线安装 Python 模块包

活动 4：利用 PyCharm 开发工具编写及调试 Python 代码

PyCharm 作为 Python 程序开发的第三方工具有非常高效的开发效果，为广大 Python 程序开发者所喜爱。下面通过编写及调试九九乘法表的 Python 代码，来体验 PyCharm 开发工具的迷人之处。

（1）在 PyCharm 菜单中单击“File→New→Python File→New Python file”，在“New Python file”对话框中以“99.py”命名新建的 Python 文件，如图 1-49 所示。

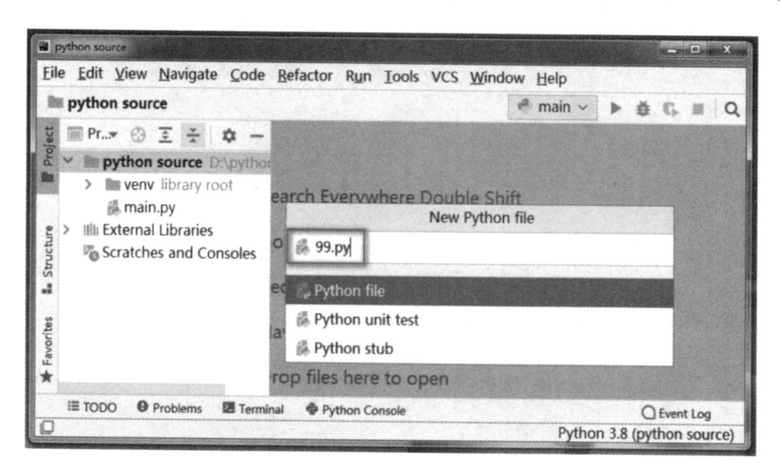

图 1-49　新建 Python 文件

（2）在新建文件窗口输入如下 Python 代码并执行代码。

```
for x in range(1,10):
    for y in range(1,x+1):
```

```
        print('%d*%d=%d'%(x,y,x*y),end='\t')
    print( )
```

在菜单中单击“Run→Run（程序名）”。代码执行结果如图 1-50 所示。

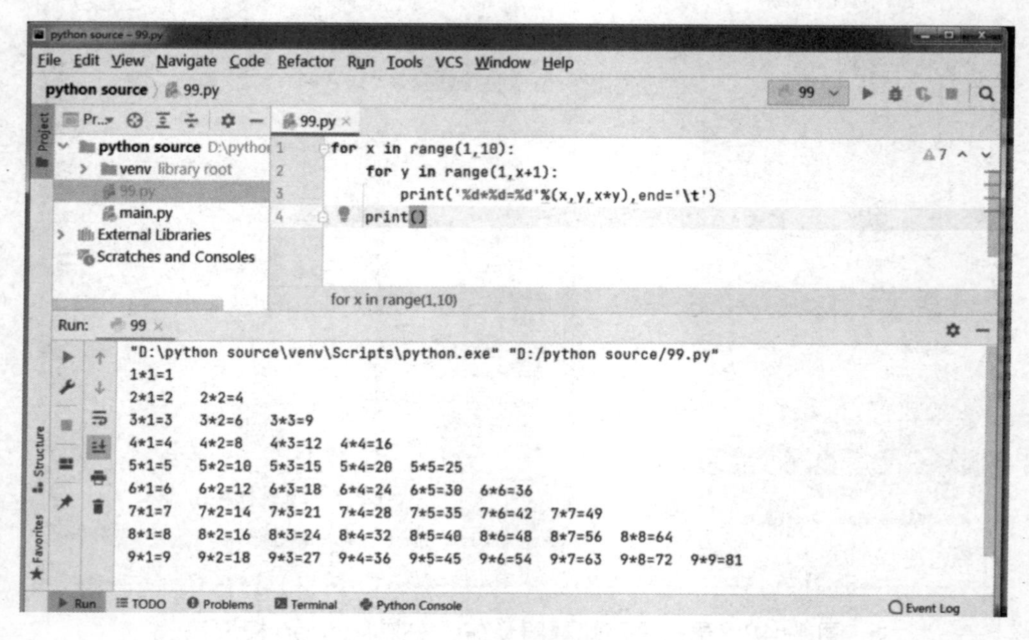

图 1-50　代码执行结果

（3）使用 PyCharm 开发工具调试 Python 代码。

PyCharm 开发工具的 Debug 工具的调试功能非常强大，使用该工具的调试功能，对理解 Python 程序起着事半功倍的作用。

① 在 Python 代码的最左侧单击，出现一个红点，即设置了程序断点。在执行代码时，程序将停在该断点处，如图 1-51 所示；进入 Debug 模式，如图 1-52 所示。

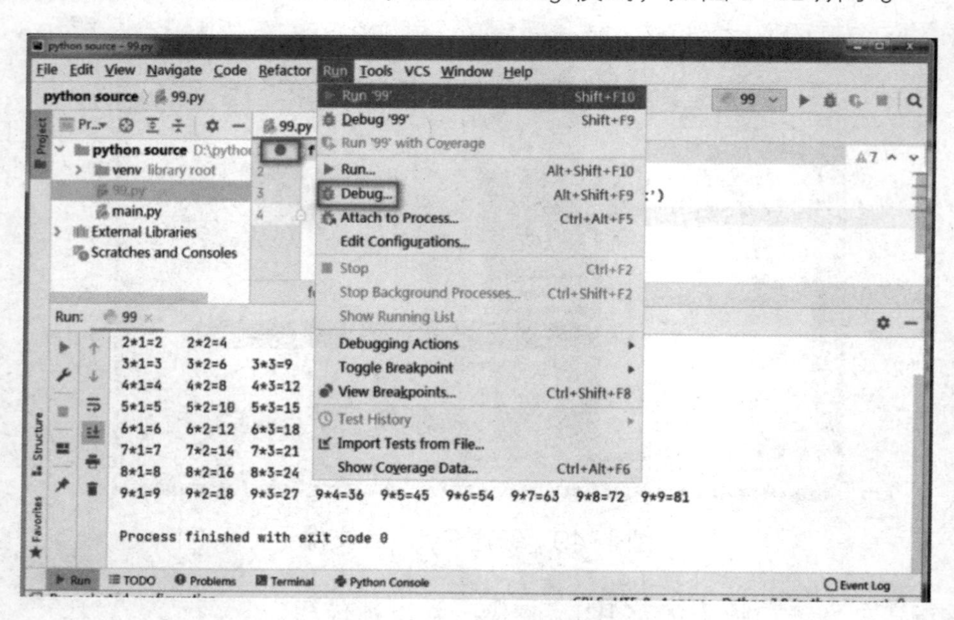

图 1-51　设置程序断点

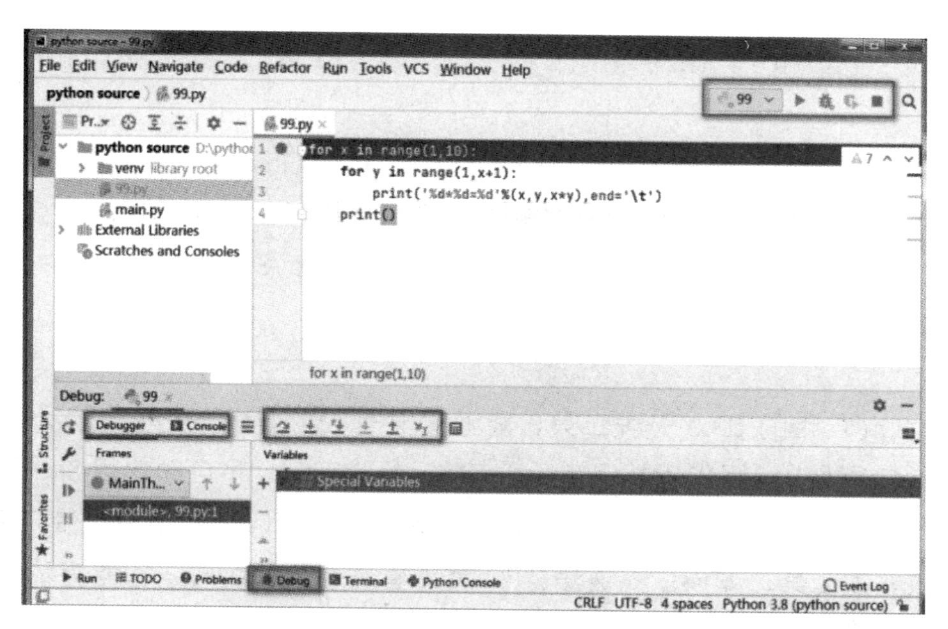

图 1-52　Debug 模式

② 在 PyCharm 开发工具的 Debug 工具中单步步进调试，可以非常清晰地查看代码运行过程及代码的输出效果，如图 1-53 所示。各 Debug 工具的调试按钮的作用如下所述。

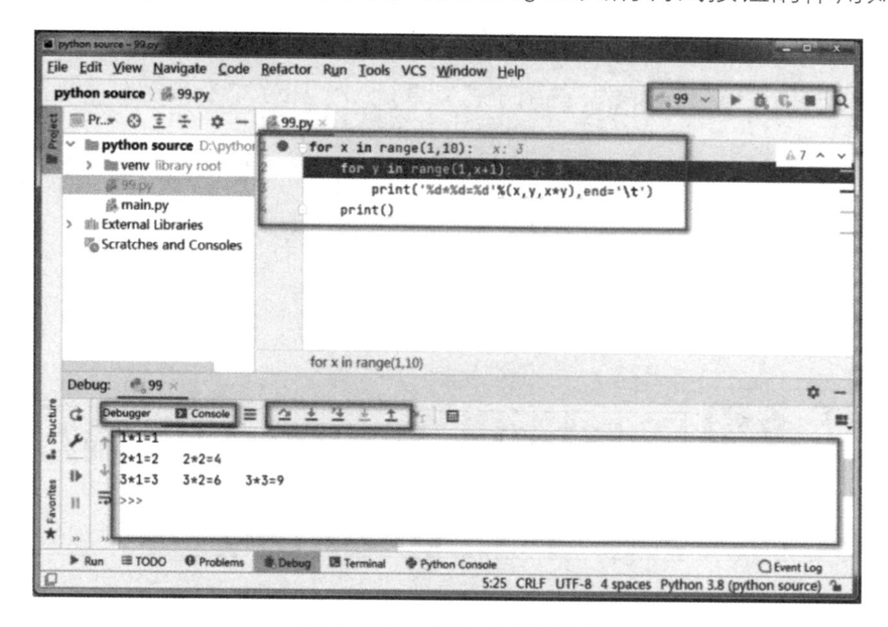

图 1-53　单步步进调试

Show execution point（Alt + F10）：显示当前所有断点。

Step over（F8）：单步跳过调试。若函数 A 存在子函数 a，则不会进入子函数 a 执行单步调试，而是把子函数 a 整体当作一步执行。

Step into（F7）：单步步进调试。若函数 A 存在子函数 a，则会进入子函数 a 执行单步调试。

Step into my code（Alt + Shift + F7）：执行下一行，但忽略 libraries（导入库的语句）返回用户自己编写的代码。

Force step into（Alt + Shift +F7）：执行下一行，但忽略 libraries 和构造对象等。

Step out（Shift + F8）：当目前在子函数 a 中执行时，选择该操作可以直接跳出子函数 a，而不再继续执行子函数 a 中的剩余代码，并返回上一层函数。

Run to cursor（Alt + F9）：直接跳转到下一个断点。

任务总结

使用 Python 自带的 IDLE 开发工具，能够实现提示代码、语法高亮显示、自动补全代码等功能。在编辑器中编写代码并保存后，直接运行该代码，将自动启用 Shell 执行所编写的代码，因此适合编程初学者使用。PyCharm 带有一整套可以帮助用户在使用 Python 语言开发时提高效率的工具，如调试、语法、Project 管理、代码跳转、智能提示、自动完成、单元测试、版本控制等。

任务检测

（1）简述 Python 有哪些常用的主流开发工具。

（2）简述 PyCharm 修改默认主题外观及字体、字号等的操作步骤。

（3）简述如何使用 PyCharm 的代码调试工具。

任务拓展

（1）安装 Sublime Text 并配置对 Python 环境的支持。

（2）为 PyCharm 开发工具在线联网安装 Requests 库。

任务3 "Hello Python!!"编写第一个 Python 程序

任务描述

在 Python 开发环境搭建完成后，我们将尝试使用开发工具编写并运行第一个 Python 程序。

任务分析

了解两种编写代码的方式，掌握保存和运行代码的方式，能够按照要求独立完成简单代码的编写和运行。

知识准备

Python 是一种标签化的语言，与其他语言相比，Python 具有脚本无须编译、修改比较方便等优点。Python 可以通过两种方式运行代码，一种是通过交互式界面运行的方式，另一种是通过将编写好的代码保存后再运行的方式。首先，我们来了解通过交互式界面的方式运行代码。

当配置好 Python 开发环境后，有两种方式可以访问 Python 的交互式界面，一种是在 Windows 的命令提示符窗口中进行访问，另一种是通过 Python 自带的 IDLE 开发工具进行访问。下面我们以在 Windows 的命令提示符窗口中进行访问为例进行说明。

在 Windows 的命令提示符窗口中输入“python”并按回车键，界面中将显示以下信息，当看到“>>>”提示符时，意味着已经进入 Python 的交互式界面。

```
C:\Users\XYZ>python
Python 3.9.2 (tags/v3.9.2:1a79785, Feb 19 2021, 13:44:55) [MSC v.1928 64 bit (AMD64)] on win32
Type "help", "copyright", "credits" or "license" for more information.
>>>
```

接下来，我们在交互式界面输入如下代码，并得到如下结果。

```
>>> print('a')
a
```

由此可见，我们已经成功地使用 print()函数将字符 a 打印出来。这样编写程序有一个缺点，即当关闭窗口后，执行过的代码不再存在。也就是说，如果想要再次实现相同的功能，就必须将代码重新编写一遍。因此，为了避免重复性的工作，将需要执行的代码打包成块并存储下来是非常有必要的。

任务实施

在 IDLE 开发工具中新建文件并键入以下代码:

```
print('Hello world')
```

在菜单中单击“File→Save”，将编写的代码保存为文件，如图 1-54 所示。

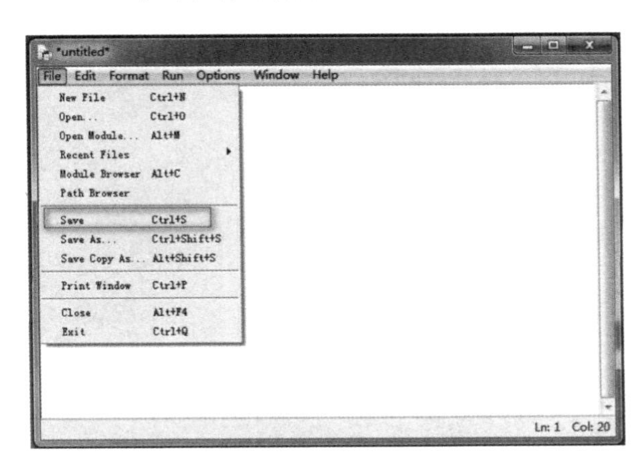

图 1-54 保存文件

这样，我们的第一个程序就以文件的形式被保存在计算机上了，可将该文件命名为“Hello World”。查看此文件，发现文件的扩展名为 py，这样的文件可以使用 IDLE 开发工具直接打开。打开这个文件，按【F5】快捷键，将显示程序运行结果，如图 1-55 所示，由此可知我们的第一个程序已经顺利运行。

```
IDLE Shell 3.9.2
File Edit Shell Debug Options Window Help
Python 3.9.2 (tags/v3.9.2:1a79785, Feb 19 2021, 13:44:55) [MSC v.1928 64 bit (AMD64)] on win32
Type "help", "copyright", "credits" or "license()" for more information.
>>>
================= RESTART: C:\Users\XYZ\Desktop\Hello World.py =================
Hello world
>>>
```

图 1-55　程序运行结果

任务总结

通过本次任务，学习了编写 Python 程序的两种方式，以及如何使用 Python 自带开发工具 IDLE 编写、保存、运行程序。

任务检测

（1）比较通过交互式界面与使用开发界面两种方式编写 Python 程序的优点和缺点。

（2）编写一个 Python 程序，要求运行结果为 “Hello Python!!”。

任务拓展

（1）编写一个程序，要求运行的结果为 2+2 的和。

（2）尝试使用 PyCharm、VSCode 等开发工具编写 Python 程序。

项目 2　Python 基本数据的输入和输出

任务④ 古诗词的输出——print()函数的应用

任务描述

print( )函数可以说是 Python 中最常见的函数，它的作用是输出，在本书的前面的示例中使用了 print( )函数将想要显示的字符或字符串输出（显示）在屏幕上。在本任务中，将深入了解 print( )函数的用法。

任务分析

以输出古诗词为实例，了解 print( )函数的基本定义，掌握 print( )函数的使用方法，了解 print( )函数中主要参数的使用方法，并了解通过使用 print( )函数的参数来调整输出格式。

知识准备

print 在 Python2 中是一个关键字，在 Python3 中正式成为一个函数。函数是一段组织好的、可以重复使用的、用来实现一定功能的代码段。在 Python 中，函数可以分为两种，一种是由用户自己创建的函数，称为自定义函数；另一种是像 print( )函数这种可以直接使用的函数，称为内建函数。

函数一般由函数名和参数构成。以 print( )函数为例，print 就是这个函数的函数名，而括号中需要填写的内容就是该函数的参数。

在 print( )函数中，首先需要填写的参数就是需要输出（显示）到屏幕上的对象。例如，要将“你好”两个字输出到屏幕上，只需要编写如下代码便可得到输出结果:

```
 print('你好')
你好
```

这样，print( )函数就会将需要显示的对象输出在屏幕上。需要注意的是，print( )函数允许同时输出多个对象。例如，输入如下代码并得到输出结果:

```
>>> print('你好','最近怎么样','再见')
你好 最近怎么样 再见
```

注意，输出的对象需要使用逗号隔开，print( )函数会将所有对象按顺序输出到屏幕上。观察输出的结果不难发现，当输出多个对象时，print( )函数默认的分隔符号为空格，当需

要按照需求来设置分隔符时，就需要用到 sep 参数。例如，输入如下代码并得到输出结果:

```
>>> print('你好','最近怎么样','再见',sep = ' ')
你好 最近怎么样 再见
>>> print('你好','最近怎么样','再见',sep = ',')
你好,最近怎么样,再见
>>> print('你好','最近怎么样','再见',sep = '\n')
你好
最近怎么样
再见
```

sep 参数的使用方法很简单，在需要输出的参数的后面使用逗号将 sep 参数隔开，再将需要设置的分隔符添加到赋值符号后面即可。

end 参数的使用方法与 sep 参数方法一致,它的作用是将需要的字符或字符串添加在输出结果的末尾，默认值为 “\n”。例如，输入如下代码并得到输出结果:

```
>>> print('你好','最近怎么样','再见',sep = '\n',end = '。')
你好
最近怎么样
再见。
```

从上述代码可见，使用 end 参数可以将句号输出到文件末尾。

任务实施

通过对 print()函数的综合运用，将《悯农》这首古诗中的几句输出在屏幕上，要求带有标点符号。

（1）在屏幕上输入如下代码并得到输出结果:

```
print('锄禾日当午，汗滴禾下土，谁知盘中餐，粒粒皆辛苦')
锄禾日当午，汗滴禾下土，谁知盘中餐，粒粒皆辛苦
```

（2）成功地将古诗输出在屏幕上后，使用所学的函数，整理格式，为了方便使用参数进行调整，首先将每一句古诗作为一个单独的字符串进行分离:

```
print('锄禾日当午','汗滴禾下土','谁知盘中餐','粒粒皆辛苦')
```

（3）使用 sep 参数将逗号和换行符作为分隔符:

```
print('锄禾日当午','汗滴禾下土','谁知盘中餐','粒粒皆辛苦', sep = '，\n')
```

（4）使用 end 参数将句号添加到末尾:

```
print('锄禾日当午','汗滴禾下土','谁知盘中餐','粒粒皆辛苦',sep = '，\n',end = '。')
```

（5）得到输出结果:

```
锄禾日当午，
汗滴禾下土，
谁知盘中餐，
粒粒皆辛苦。
```

在以上代码之前添加一行 print()函数，将这首诗的名字打印在最前面，然后再将代码保存为名为 “poem.py” 的文件。

```
print('悯农')
print('锄禾日当午','汗滴禾下土','谁知盘中餐','粒粒皆辛苦',sep = '，\n', end
='。' )
```

使用 IDLE 开发工具运行代码，得到如下结果：

```
悯农
锄禾日当午，
汗滴禾下土，
谁知盘中餐，
粒粒皆辛苦。
```

任务完成。

任务总结

本任务学习了输出函数 print( )的用法，学习了如何使用 print( )函数输出字符或字符串，以及如何通过 sep 参数和 end 参数向字符串中添加分隔符和结束符，以调整文件的打印格式。

任务检测

1．print( )函数的常用参数共有几种？分别有什么作用？

2．请使用 print( )函数输出《咏鹅》这首古诗。

任务拓展

了解 print( )函数中 file 参数和 flush 参数的使用方法。

任务5 模拟用户登录——input( )函数的应用

任务描述

在程序的编写过程中，有时我们直接通过赋值符号将需要使用的值存储到变量中，但当编写的程序需要与用户进行交互时，就需要用户手动输入想要使用的值，这种操作一般通过 input( )函数实现。

任务分析

通过使用 input( )函数模拟用户登录操作，当程序运行时，屏幕提示用户输入用户名和密码，当用户通过键盘输入用户名和密码后，屏幕提示“登录成功”等字样。

知识准备

input( )函数可以接收用户输入的值并将其存入变量中。需要注意的是，在 Python3 中，input( )函数的函数返回值为 string 类型。也就是说，用户输入的值将以字符串类型存储在变量中，当需要其他类型时，可以通过强制转换来实现。input( )函数在被调用时，整个程序将暂停运行并等待用户输入，当检测到用户按回车键时，input( )函数会认为输入结束，从而将输入值存入变量，然后程序将继续运行。由此可知，input( )函数是以换行符来判断输入是否结束的，因此在输入数据时，数据中的换行符将不会被input( )函数读取。

input( )函数的使用方法非常简单，在括号中只需要填写一个参数，该参数的作用是向用户显示提示信息。例如:

```
>>> input('请输入任意数字:')
请输入任意数字:
```

当我们输入任意数字并按回车键后，输入的数字将直接显示在屏幕上:

```
>>> input('请输入任意数字:')
请输入任意数字:1
'1'
```

可以发现，显示的数字被加上了单引号。此时已将输入的字符存储到变量中，可以使用 type( )函数来判断 input( )函数的返回值的类型:

```
>>> a = input('请输入任意数字:')
请输入任意数字:1
>>> type(a)
<class 'str'>
>>> a = input('请输入任意字符:')
请输入任意字符:abc
>>> type(a)
<class 'str'>
>>> a = input('请输入任意小数:')
请输入任意小数:1.234
>>> type(a)
<class 'str'>
```

也可以使用强制转换，将变量转换为自己需要的类型:

```
>>> a = int(input('请输入任意数字:'))
请输入任意数字:1
>>> type(a)
<class 'int'>
```

任务实施

通过对 input( )函数的综合运用，结合 print( )函数，模拟用户登录界面。

（1）使用 input( )函数，要求用户输入用户名，并将获得的值存储到变量 a 中:

```
a = input('请输入用户名：')
```

（2）使用 input( )函数要求用户输入密码，并将获得的值存储到变量 b 中:

```
b = input('请输入密码：')
```

（3）利用 print( )函数，使用占位符%s，将登录信息显示在屏幕上:

```
print('登录成功，尊敬的用户 %s 您好'%(a))
```

（4）将代码进行整合，保存为名为“login.py”的文件:

```
a = input('请输入用户名：')
b = input('请输入密码：')
print('登录成功，尊敬的用户 %s 您好'%(a))
```

（5）使用 IDLE 开发工具运行程序，得到结果：

```
请输入用户名：zed
请输入密码：123
登录成功，尊敬的用户 zed 您好
```

任务完成。

任务总结

本任务主要介绍了 input( )函数的使用方法，学习了 input( )函数的相关属性、运行原理及返回值类型，并模拟了用户登录的过程。

任务检测

（1）请简述 input( )函数的运行过程。

（2）input( )函数的返回值类型是什么？

（3）请结合本任务所学知识，利用 input( )函数编写一段成绩输出的代码。例如，输入数字 100，则输出结果为“您的成绩为 100 分”。

序列的应用

我们在使用计算机编写程序时，经常会听到“变量”及“数据类型”等词。变量可以理解为计算机为了存储数据而开辟的内存空间，而当我们要将数据存入内存空间时，计算机需要清楚地知晓存入此空间的数据的类型，由此产生了“数据类型”的概念。数字、字符串、列表、元组、字典、集合是 Python 的 6 个标准数据类型。

了解数字类型、字符串类型的特点及应用；掌握内建函数的应用；掌握字符串的切片和拼接；掌握列表和元组的操作及应用；掌握字典的操作及应用；能够使用正则表达式整理信息。

知识框架

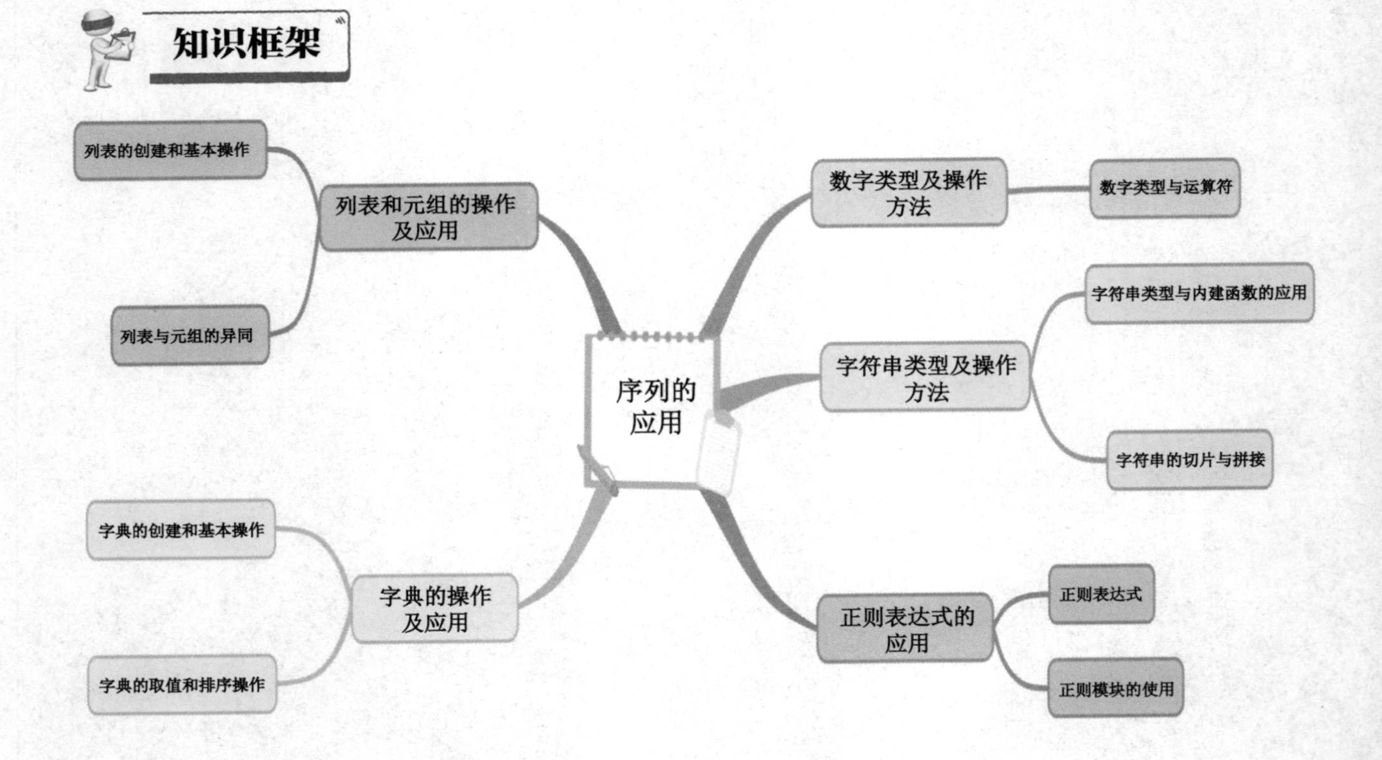

项目 3　数字类型及操作方法

任务⑥　计算器功能的实现——数字类型与运算符

任务描述

日常生活中，衣食住行都与计算息息相关。在 Python 中，我们能够通过编写程序实现计算功能。Python3.x 中的数字类型主要有整型（int）、浮点型（float）、复数型（complex）。利用这些数字类型，再配合对应的数值操作运算符及数值操作函数，就能实现常用的计算功能。本任务主要讲解整型和浮点型两种数字类型。

任务分析

了解数字类型中的主要类型和使用方法，使用数值操作运算符和数值操作函数模拟计算器中的加、减、乘、除等功能。

知识准备

数字类型是数据类型中一种，整型、浮点型、复数型是数字类型中比较常见的几种。

与其他语言不同的是，Python 在定义变量时可以根据用户输入的值自动进行识别，因此不需要对变量的类型进行声明，但可以使用 type( )函数来判断变量的类型。例如，如下代码：

```
>>> a = 1
>>> b = 2.2
>>> c = 1+2j
>>> type (a)
<class 'int'>
>>> type (b)
<class 'float'>
>>> type (c)
<class 'complex'>
```

2.1　整型

整型即数学中的整数，最常用的表示方式是十进制。在计算机中，二进制、八进制和十六进制也是比较常见的表示方式，为了与十进制表示方式进行区分，会在其他进制的数字的最前面添加特殊标识，二进制（bin）的表示方式一般为0b或0B，八进制（oct）的表示方式一般为0o或0O，十六进制（hex）的表示方式一般为0x或0X。各进制可以进行互相转换，当十进制向其他进制转换时，我们可以使用bin( )、oct( )、hex( )函数轻松完成:

```
>>> a = 101
>>> bin(a)
'0b1100101'
>>> oct(a)
'0o145'
>>> hex(a)
'0x65'
```

需要注意的是，这三个函数的返回值的类型都为字符串类型（str）。

当需要将其他数字类型作为整型处理时，则应使用int( )函数进行强制转换。当被强制转换的数值不为整数时，则强制转换后，该数值小数点后面的值将被省略。

```
>>> a = 1.002
>>> int (a)
1
```

通过输入两个参数，int( )函数可以将其他进制的数字转换为十进制。转换方法很简单，第一个参数为需要转换进制的数值，数值的类型为字符串类型，第二个参数为用来告诉计算机第一个参数转换后的进制:

```
>>> int ('0b1100101',2)
101
>>> int ('0o145',8)
101
>>> int ('0x65',16)
101
```

2.2 浮点型

浮点型即数学中的实数，浮点数的取值范围为（−3.4E+38）~（3.4E+38）。在浮点数的计算过程中，会带有不确定的尾数，这与计算机的存储原理有关，并不是计算错误。当这种情况出现时，可以使用round( )函数进行四舍五入取整。round( )函数有两个参数，第一个参数是需要取整的浮点数，第二个参数用于说明在第几位小数位进行四舍五入取整:

```
>>> 0.1+0.2
0.30000000000000004
>>> 0.1+0.7
0.7999999999999999
>>> a = 0.1+0.2
>>> b = 0.1+0.7
>>> round(a,3)
0.3
>>> round(b,4)
0.8
>>> round(1.23456,3)
1.235
```

```
>>> round(1.23456,2)
1.23
```

2.3 数值运算符和逻辑运算符

在 Python 中，我们可以使用数学中的运算符直接对数字型变量进行运算，运算结果的类型为在内存中空间最大的数字类型。三种常见数字类型在内存中空间大小的顺序为：复数＞浮点数＞整数。常见的数值运算符如表 2-1 所示。

表 2-1 常见的数值运算符

符　号	功　能	描　述
+	加	两数相加
-	减	两数相减
*	乘	两数相乘
/	除	两数相除
//	整数除	两数相除，取整数
%	取余	两数相除，取余数
**	幂运算	x**y 即 x 的 y 次幂，当 y 小于 0 时，即为开方运算

除数值运算外，在生活中还会遇到数值之间关系的运算，称为逻辑运算。在计算机语言中，逻辑运算与一种数据类型密不可分，这种只包含真、假两个值的类型叫作布尔类型。常见的逻辑运算符如表 2-2 所示。

表 2-2 常见的逻辑运算符

符　号	功　能	描　述
>	大于	比较左侧数值是否大于右侧数值
<	小于	比较左侧数值是否小于右侧数值
>=	大于或等于	比较左侧数值是否大于或等于右侧数值
<=	小于或等于	比较左侧数值是否小于或等于右侧数值
==	等于	比较左侧数值是否等于右侧数值
!=	不等于	比较左侧数值是否不等于右侧数值
and	与运算	x and y，只要有一侧数值为假，则返回值为假
or	或运算	x or y，只要有一侧数值为真，则返回值为真
not	非运算	not x，若 x 为假，则返回值为真；若 x 为真，则返回值为假

在 Python 中，布尔类型的真值为 True，假值为 False。只有当首字母大写时，Python 编译器才会将其识别为布尔值，否则会将其识别为关键字。True 的值为 1，False 的值为 0，我们可以使用代码来进行验证：

```
>>> True + 1
2
>>> False + 1
1
```

常用的逻辑运算符的返回值为布尔类型，我们也可以使用布尔函数 bool( )来测试一个表达式的结果：

```
>>> bool(1>2)
False
>>> bool(not 1)
False
>>> bool(1 and 0)
False
>>> bool(1 or 0)
True
```

任务实施

在本任务中，将计算器的功能拆分为加法、减法、乘法、除法四个模块，每个模块为一段独立代码。首先我们在实例文件 plus.py 中实现加法模块的功能，代码如下：

```
a = input ('请输入第一个数字\n')
b = input ('请输入第二个数字\n')        #用户输入任意两个数字
a = float(a)
b = float(b)                            #将输入的字符串转换为浮点型
print('加法运算结果为%.2f'%(a+b))        #输出a+b的结果，保留到小数点后两位
```

运行代码得到结果：

```
请输入第一个数字
12
请输入第二个数字
34
加法运算结果为46.00
```

若要实现减法、乘法、除法功能，只需要将 print( )函数中 a、b 之间的运算符进行修改即可：

```
print('减法运算结果为%.2f'%(a-b))
print('乘法运算结果为%.2f'%(a*b))
print('除法运算结果为%.2f'%(a/b))
```

任务总结

在本任务的分模块中实现了计算器的加法模块的功能。

任务检测

（1）请根据本任务，将减法、乘法、除法模块的功能补全。

（2）请根据本任务，在计算除法时仅保留两位小数位。

任务拓展

了解 print( )函数中 file 参数和 flush 参数的使用方法。

项目 4　字符串类型及操作方法

任务⑦　课堂签到系统——字符串类型与内建函数的应用

任务描述

字符串类型是标准数据类型中最常用的数据类型之一。在本任务中，将输入的学生的名字存储为字符串变量，并将字符串变量进行拼接后输出。

任务分析

了解字符串的定义和使用，可以熟练访问字符串变量，将字符串变量进行拼接并输出。

知识准备

字符串的定义方式非常简单，我们只要使用定义字符（单引号或双引号）将需要定义的字符进行包含，就可以完成字符串的定义。定义符号要成对出现，否则编译器将无法理解字符串在何处起始和终止。

```
>>> 'hello'
'hello'
>>> "I'm zed"
"I'm zed"
```

定义好的字符串也可以像数据类型一样存储到变量中，Python 会自动将变量类型识别为字符串类型。

```
>>> a = 'student'
>>> type(a)
<class 'str'>
```

字符串变量也可以使用运算符，如可以使用符号“+”拼接两个字符串，使用符号“*”将字符串重复输出：

```
>>> a = 'zed '
>>> b = 'is a student.'
>>> print(a+b)
zed is a student.

>>> print (a+b*2)
zed is a student.is a student.
```

可以使用符号“%s”作为占位符格式化输出字符串：

```
>>> a = 'zed'
>>> print('His name is %s'%a)
His name is zed
```

常见的字符串运算符如表 2-3 所示。

表 2-3　常见的字符串运算符

符　　号	描　　述
+	将字符串进行拼接
*	将字符串重复输出
in	判断某字符是否在指定的字符串中
not in	判断某字符是否不包含在指定的字符串中

为了方便地对字符串变量进行格式调整，Python 提供了非常强大的内建函数，使用方法为：字符串.函数名(参数)。常见的字符串内建函数如表 2-4 所示。

表 2-4　常见的字符串内建函数

符号	描述
.upper( )	字符串中英文字母全部大写
.lower( )	字符串中英文字母全部小写
.swapcase( )	将字符串中英文字母大小写转换
.title( )	将字符串中英文的首字母大写，其他字母小写

通过使用这些内建函数，可以直接针对字符串变量进行操作，而不需要对字符串变量重新赋值：

```
>>> a= 'my name is Zed '
>>> a.upper( )
'MY NAME IS ZED '
>>> a= 'my name is Zed '
>>> a.lower( )
'my name is zed '
>>> a= 'my name is Zed '
>>> a.swapcase( )
'MY NAME IS zED '
>>> a= 'my name is Zed '
>>> a.title( )
'My Name Is Zed '
```

任务实施

首先在屏幕上输出“请输入您的英文姓名:”，请求用户输入英文姓名，并保存到变量 name 中，经过系统自动识别，变量 name 的数据类型为字符串类型，然后将变量 name 的值输出到屏幕上：

```
print('请输入您的英文姓名:')
name = input( )
print(name)
```

基本功能完成后，现在进行代码优化。使用.title( )函数将 name 变量中字符串的首字母改为大写：

```
print('请输入您的英文姓名:')
name = input( )
print(name.title( ))
```

在打印函数中添加欢迎语句时，使用占位符“%s”将变量 name 输出在后面。将代码进行整合并保存为名为 sign.py 的文件。完整的代码如下:

```
print('请输入您的英文姓名:')
name = input( )
print('Sign in successful,welcome %s'%name.title( ))
```

对代码进行测试:

```
请输入您的英文姓名:
zed zhou
Sign in successful,welcome Zed Zhou
请输入您的英文姓名:
homer wang
Sign in successful,welcome Homer Wang
```

任务完成。

任务总结

在本任务中通过综合运用访问字符串、使用字符串内建函数及使用占位符输出等方法实现了简单的课堂签到系统。

任务检测

（1）请将本任务中输出的英文姓名全部修改为大写。

（2）请定义一个字符串变量，使用内建函数将该字符串中的字符全部修改为小写，然后将该字符串重复输出三遍。

（3）请定义一个字符串变量，并使用内建函数判断字母 M 是否在该字符串中。

任务拓展

除本书讲解的内建函数外，还有很多不同功能的内建函数，请查找资料并了解不同内建函数的功能。

任务 8 藏头诗解密——字符串的切片和拼接

任务描述

根据需求定义字符串变量，将有意义的字母或文字隐藏在字符串中，编写代码，截取并输出每个字符串变量中有意义的字母或文字，从而实现解密。

任务分析

首先使用字符串的切片功能将需要的字母或文字与字符串本身分离，然后使用字符串拼接功能将分离出来的文字进行拼接，最后调整格式进行输出。

知识准备

字符串从本质上讲是由单个字符构成的，在定义和存储字符串变量时，系统将构成字符串的字符按照顺序存储到内存空间中，存储过程中的顺序也会被记录为索引。在 Python 中，允许使用索引操作字符串中的字符，如返回指定索引位置的字符或返回指定字符的索引等。在定义了字符串变量后，可以使用方括号“[]”来截取字符串中的字符，具体的使用方法为：变量名[索引值]。索引值从零开始，当定义一个字符数量为 n 的字符串变量时，索引值的范围应该在 0 到 $n-1$ 之间。中文字符也可以使用索引进行操作。

```
>>> a = 'banana'
>>> a[1]
'a'
>>> a[0]
'b'
>>> b = '你好'
>>> b[1]
'好'
>>> b[0]
'你'
```

除截取单个字符外，还可以使用方括号“[]”按照范围和步长对已定义好的字符串进行截取。具体的使用方法为：变量名[起始索引值:终止索引值:步长值]。其意义是：使用起始索引值和终止索引值划定需要截取的字符串范围，通过步长值来调整在这个范围中每隔多少个索引值截取一个值。根据索引值划定范围取值时，遵循“取前不取后”原则，即当起始索引值省略时，从字符串变量的第一位开始取值；当终止索引值省略时，则截取到字符串的最后一位；当步长值为 0 时，步长值可以省略不写。

```
>>> a = 'banana'
>>> a[0:5]
'banan'
>>> a[1:2]
'a'
>>> a[1:6:2]
'aaa'
```

任务实施

以一首藏头诗为例，通过字符串的切片和拼接功能完成任务。首先将藏头诗的每一句都定义为一个字符串变量：

```
a = '平湖一色万顷秋，'
b = '湖光渺渺水长流。'
c = '秋月圆圆世间少，'
d = '月好四时最宜秋。'
```

通过字符串切片，将每个字符串变量的第一个字符进行输出:

```
print(a[0],b[0],c[0],d[0])
```

这样就可以得到输出结果:

```
平 湖 秋 月
```

因为需要将每个字符串变量的第一个字符都进行单个输出，所以输出的每个字符之间都包含空格，因此需要使用字符串运算符“+”将切片后的字符进行连接后输出，来调整输出的格式，将代码进行整合并保存为名为 decode1.py 的文件。完整的代码如下:

```
a = '平湖一色万顷秋，'
b = '湖光渺渺水长流。'
c = '秋月圆圆世间少，'
d = '月好四时最宜秋。'
#print(a[0],b[0],c[0],d[0])
e = a[0]+b[0]+c[0]+d[0]
print(e)
```

运行后得到结果:

```
平湖秋月
```

也可以通过使用参数的方法，使用更少的变量和代码行数来完成这个任务。将代码整合并保存为名为 decode2.py 的文件。完整的代码如下:

```
a = '平湖一色万顷秋，湖光渺渺水长流。秋月圆圆世间少，月好四时最宜秋。'
print(a[::8])
```

运行后得到结果:

```
平湖秋月
```

任务总结

通过灵活地使用字符串的切片功能，不仅可以优化代码量、减少变量的使用量、节省内存，而且在特定情况下，可以搭配使用起始索引值、终止索引值和步长值，以代替字符串运算符的功能，将需要的字符进行格式化输出。

任务检测

（1）定义一个字符串变量，使用字符串的切片功能输出字符串中的第一个、第三个、第五个字符。

（2）定义两个字符串变量，使用字符串的切片功能，输出每个字符串的第三至第六个字符，然后使用字符串的拼接功能将输出后的字符串拼接到一起并输出。

（3）请结合本任务内容，寻找下列字符串中的规律，并使用字符串的切片和拼接功能输出下列字符串中有意义的字符。

① achwe,daeds,dalda,daleq,awogh

② SSDPV,ASDYR,GHJTS,SERHN,DFROA,SDFNR

任务拓展

请思考，如果需要截取的字符在一个字符串中是没有规律的，那么我们应该怎样将其切片并输出？

项目 5　列表和元组的操作及应用

任务⑨ 班级花名册——列表的创建和基本操作

任务描述

班级花名册是教师最常用的课堂管理工具之一。在本任务中，学习通过列表的方式生成班级花名册，并学习如何在班级花名册中添加、删除成员。假设班级中共有小张、小王、小黄、小耿和小李五位同学，则需要将这五位同学的姓名添加到班级花名册中；假设小王转学了，则需要将他的名字在班级花名册中删除，并输出“小王同学已经转学”；假设小刘同学加入了班级，则需要将小刘同学的名字添加到班级花名册中，并输出“欢迎小刘同学”。

任务分析

使用列表生成一个成员数量随机的班级花名册，通过内建函数实现列表中成员的添加和删除。

知识准备

列表是 Python 中的基本数据结构，它允许将不同类型的元素存入其中，成为一个有顺序的、可以更改的集合。集合中允许存在重复元素，每个元素都会在列表中被分配一个位置，每个位置都对应一个索引值，其中起始元素的索引值为 0，第一个元素的索引值为 1，以此类推。

若要创建一个列表，则只需要将使用逗号分隔的不同元素使用方括号“[]”包括起来。使用 len( )函数可以确定列表的长度：

```
list1 = [1,2,'h','home',2]
>>> print(list1)
[1, 2, 'h', 'home', 2]
>>> len(list1)
5
```

也可以使用元素中的索引值输出列表中的单个元素，与字符串变量相似，通过使用起始索引值和终止索引值，可以实现指定范围输出。当索引值为正值时，元素的检索方向为从左到右；当索引值为负值时，元素的检索方向为从右到左：

```
>>> list2 = ['monkey','elephant','cat','dog','fish']
>>> print(list2[0])
monkey
>>> print(list2[1])
elephant
>>> print(list2[-1])
fish
>>> print(list2[-2])
dog
>>> print(list2[1:3])
['elephant', 'cat']
>>> print(list2[0:-2])
['monkey', 'elephant', 'cat']
```

列表允许对其中元素的值进行修改，方法也很简单，只需要对列表中指定索引位置的元素重新赋值即可：

```
>>> list2[1] = 'cow'
>>> print(list2)
['monkey', 'cow', 'cat', 'dog', 'fish']
```

在 Python 中有两个内建函数可以实现向字符串中添加元素，append( )方法可以将指定的元素添加到列表的最后；如果需要将元素添加到列表的指定位置，则需要使用 insert( )方法。列表的 insert( )方法的具体使用方法为：list.insert(索引位置，元素)。

例如：

```
>>> list2.append('panda')
>>> print(list2)
['monkey', 'cow', 'cat', 'dog', 'fish', 'panda']
list2.insert(2,'wolf')
>>> print(list2)
['monkey', 'cow', 'wolf', 'cat', 'dog', 'fish', 'panda']
```

当需要删除列表中的元素时，可以使用关键字 del 以删除指定索引位置的元素，也可以同时删除多个元素。可以使用列表的内建函数 pop( )方法和 remove( )方法对列表进行操作，pop( )方法可以删除指定索引位置的元素并返回该元素；如果没有指定索引位置，则将删除列表中的最后一个元素并返回该元素；如果清楚地知道列表中的元素，则可以使用 remove( )方法直接删除列表中指定的元素。例如：

```
>>> del list2[1],list2[3]
>>> print(list2)
['monkey', 'wolf', 'dog', 'fish', 'panda']
>>> list2.pop( )
'panda'
>>> print(list2)
['monkey', 'wolf', 'dog', 'fish']
>>> list2.pop(1)
'wolf'
>>> print(list2)
['monkey', 'dog', 'fish']
>>> list2.remove('dog')
```

```
>>> print(list2)
['monkey', 'fish']
```

任务实施

首先定义一个列表，将小张、小王、小黄、小耿和小李五位同学的姓名存放在该列表（班级花名册）中，然后检测该列表的长度并输出该列表。

```
roster = ['小张','小王','小黄','小耿','小李']
num = len(roster)
print(roster)
print('班级中共有%d位同学'%num)
```

得到结果:

```
['小张', '小王', '小黄', '小耿', '小李']
班级中共有5位同学
```

小王同学转学，需要将他的名字在列表中删除，可使用 remove( )方法进行删除操作:

```
print('%s同学已经转学。'%roster[1])
roster.remove('小王')
num = len(roster)
print(roster)
print('班级中共有%d位同学'%num)
```

得到结果:

```
小王同学已经转学。
['小张', '小黄', '小耿', '小李']
班级中共有4位同学
```

也可使用 pop( )方法进行删除操作:

```
student = roster.pop(1)
print('%s同学已经转学。'%student)
num = len(roster)
print(roster)
print('班级中共有%d位同学'%num)
```

得到结果:

```
小王同学已经转学。
['小张', '小黄', '小耿', '小李']
班级中共有4位同学
```

小刘同学加入班级，可以使用 append( )方法将小刘同学的姓名添加到列表的最后:

```
roster.append('小刘')
print('欢迎新同学%s'%roster[4])
```

也可以使用 insert( )方法将小刘同学的名字添加到列表中的指定位置:

```
roster.insert(2,'小刘')
print('欢迎新同学%s'%roster[2])
```

对代码进行整合，将其保存为名为 roster.py 的文件。代码如下:

```
roster = ['小张','小王','小黄','小耿','小李']
num = len(roster)
print(roster)
print('班级中共有%d位同学'%num)
student = roster.pop(1)
print('%s同学已经转学。'%student)
num = len(roster)
```

```
print(roster)
print('班级中共有%d位同学'%num)
roster.insert(2,'小刘')
print('欢迎新同学%s'%roster[2])
num = len(roster)
print(roster)
print('班级中共有%d位同学'%num)
```

运行代码并得到结果：

```
['小张', '小王', '小黄', '小耿', '小李']
班级中共有5位同学
小王同学已经转学。
['小张', '小黄', '小耿', '小李']
班级中共有4位同学
欢迎新同学小刘
['小张', '小黄', '小刘', '小耿', '小李']
班级中共有5位同学
```

任务完成。

任务总结

在本任务中学习了列表的定义和基本操作，了解了通过索引值操作列表中的元素，学习了 pop( )、remove( )、insert( )、append( )等内建函数的使用方法，以及关键字 len 的使用方法。

任务检测

（1）简述 pop( )方法与 remove( )方法的作用和区别。

（2）简述内建函数 insert( )方法与 append( )方法的作用和区别。

任务拓展

请查找资料并了解如何遍历列表中的所有元素，如何判断一个元素是否存在于这个列表中。

任务 10 班级成绩单的排序和防修改——列表与元组的异同

任务描述

模仿任务 9 生成班级成绩单，为了防止班级成绩单中的信息被恶意修改，请在班级成绩单排序结束后对其进行锁死，以禁止修改班级成绩单中的信息，最后输出班级成绩单中的最高分和最低分。

任务分析

首先使用列表生成班级成绩单，并使用列表的排序方法将列表中的元素进行排序，然后将列表中的内容存储到元组中，以实现对元组的锁死，以防止其中的内容被修改，比较列表和元组的区别。

知识准备

元组是有顺序且不可更改的集合。列表是一个有顺序、可以更改的集合。元组与列表最主要的区别就在于集合中的元素是否可以更改。在 Python 中，定义元组的方法很简单，即使用圆括号“( )”来表示元组，添加元素时需要用逗号隔开，即使元组中只有一个元素，该元素的后面也要添加逗号：

```
>>> tuple1 = (1,2,3)
>>> tuple2 = ('a','b','c')
>>> tuple3 = ( )
>>> tuple4 = ('你好',)
>>> print(tuple1)
(1, 2, 3)
>>> print(tuple2)
('a', 'b', 'c')
>>> print(tuple3)
( )
>>> print(tuple4)
('你好',)
```

和列表相同的是，元组中的每个元素都有索引，索引值从 0 开始，索引的使用方法与列表完全一致：

```
>>> tuple5 = (1,2,3,4,5,6,7)
>>> print(tuple5[1])
2
>>> print(tuple5[-1])
7
>>> print(tuple5[1:3])
(2, 3)
>>> print(tuple5[1:-4])
(2, 3)
```

与列表不同的是，元组中的元素值不可修改，无论是对元组中的元素强行进行赋值，还是向元组中添加新的元素，编译器都会返回错误提示：

```
>>> tuple5[2] = 1
Traceback (most recent call last):
  File "<pyshell#43>", line 1, in <module>
    tuple5[2] = 1
TypeError: 'tuple' object does not support item assignment
>>> tuple5[7] = 8
Traceback (most recent call last):
```

```
  File "<pyshell#44>", line 1, in <module>
    tuple5[7] = 8
TypeError: 'tuple' object does not support item assignment
```

因此，当需要向元组中添加元素时，必须通过 list( )函数将元组转换为列表，在元素添加结束之后，再使用 tuple( )函数将列表重新转换为元组：

```
>>> tuple5 = (1,2,3,4,5,6,7)
>>> x = list(tuple5)
>>> x[2] = 1
>>> x.append(8)
>>> tuple5 = tuple(x)
>>> print(tuple5)
(1, 2, 1, 4, 5, 6, 7, 8)
```

因为元组和列表具有相似之处，所以很多函数对于列表和元组是通用的：

```
>>> m  = [1,2,3,4,5,1]
>>> n = ('a','b','c','d','e','a')
#分别检测列表和元组的长度
>>> len(m)
6
>>> len(n)
6
#分别检测指定元素在列表或元组中出现的次数
>>> m.count(1)
1
>>> n.count('a')
1
#连接字符串或元组
>>> x = [1,2,3]
>>> y = ('a','b','c')
>>> m=m+x
>>> n=n+y
>>> print(m)
[1, 2, 3, 4, 5, 1, 1, 2, 3]
>>> print(n)
('a', 'b', 'c', 'd', 'e', 'a', 'a', 'b', 'c')
#取列表/元组的最大/最小值
>>> max(m)
5
>>> max(n)
'e'
>>> min(m)
1
>>> min(n)
'a'
```

若要对列表中的元素进行排序，则可以使用 sort( )方法，因为元组中的元素不可更改，所以 sort( )方法不适用于元组：

```
>>> m.sort( )
>>> print(m)
[1, 1, 1, 2, 2, 3, 3, 4, 5]
```

任务实施

定义一个列表，将成绩存放到该列表（班级成绩单）中，并使用 sort( )方法按照成绩从低到高的顺序进行排序:

```
grade = [100,99,87,94,65,74,86,64,73,42]
grade.sort( )
print('本次考试的成绩由低到高为')
print(grade)
```

将列表转换为元组，并输出最高分和最低分:

```
rade = tuple(grade)
print('本次考试的最高分为%d分'%(max(grade)))
print('本次考试的最低分为%d分'%(min(grade)))
```

此时班级成绩单已经被锁死，其中的成绩无法修改，如果需要添加或修改成绩，则需要将元组重新转换为列表:

```
grade = list(grade)
grade[2] = 77
grade.append(64)
grade.insert(4,58)
grade.sort( )
print('本次考试的成绩由低到高为')
print(grade)
```

将代码进行整合，具体代码（保存为名为 tuple.py 的文件）如下:

```
grade = [100,99,87,94,65,74,86,64,73,42]
grade.sort( )
print('本次考试的成绩由低到高为')
print(grade)
grade = tuple(grade)
print('本次考试的最高分为%d分'%(max(grade)))
print('本次考试的最低分为%d分'%(min(grade)))
#添加修改成绩
grade = list(grade)
grade[2] = 77
grade.append(64)
grade.insert(4,58)
grade.sort( )
print('本次考试的成绩由低到高为')
print(grade)
grade = tuple(grade)
print('本次考试的最高分为%d分'%(max(grade)))
print('本次考试的最低分为%d分'%(min(grade)))
```

运行代码，得到结果:

```
本次考试的成绩由低到高为
[42, 64, 65, 73, 74, 86, 87, 94, 99, 100]
本次考试的最高分为100分
本次考试的最低分为42分
本次考试的成绩由低到高为
```

```
[42, 58, 64, 64, 73, 74, 77, 86, 87, 94, 99, 100]
本次考试的最高分为100分
本次考试的最低分为42分
```

任务完成。

任务总结

在本任务中了解了元组和列表的区别，学会了元组和列表的互相转换方法，掌握了max( )、min( )、len( )、sort( )等函数或方法的使用方法。

任务检测

（1）简述列表和元组在应用上的主要区别。

（2）哪些函数或方法对于列表和元组都可以使用？哪些函数或方法只有列表可以使用？

（3）针对本任务的代码进行修改，建立一个新列表以存储成绩，然后将两组成绩单合并为一组，将数据锁死后，输出成绩单中的最高分和最低分。

任务拓展

遍历元组中元素的函数和遍历字符串中元素的函数可以通用吗？

项目 6　字典的操作及应用

任务 11　运动会成绩单——字典的创建和基本操作

任务描述

学校举办运动会，每当有一位运动员结束比赛时，就将他的姓名和成绩记录下来，最后获得一个完整的运动会成绩单。

任务分析

使用字典，将每位运动员的姓名和成绩作为一个键值对存入字典，通过使用字典的增、删、改、查功能，形成一个完整的运动会成绩单。

知识准备

在 Python 中，字典用来存放具有映射关系的数据，如姓名和成绩、区号和省会名等。字典是 Python 中唯一的映射类型。字典中的对象以键值对的形式进行存储。键值对分为键（key）和值（value）两部分。定义字典时，要将键值对放入花括号“{}”中，键与值之间使用冒号分隔，键值对之间使用逗号分隔。

字典中可以存储任何对象。

```
>>> dict1 = {123:12,92.1:22,'猫':'动物'}
>>> print(dict1)
{123: 12, 92.1: 22, '猫': '动物'}
```

根据字典存储键值对的特性，我们可以通过键轻松地访问字典中对应的值。从这个特性可以看出字典是无序的，所以通过索引截取值的方法在字典中是不能实现的。

```
>>> print(dict1[123])
12
>>> print(dict1[0])
Traceback (most recent call last):
  File "<pyshell#3>", line 1, in <module>
    print(dict1[0])
KeyError: 0
```

在字典中，键必须是唯一的，如果键相同，那么随后输入的键值对将会替换原来的键值对。在字典中，值不要求唯一。例如，定义字典 dict2 时，有相同的键 a，随后定义的键键 a 的值 2 替换了前面定义的键 a 的值 c，所以输出了键 a 的值 2。

```
>>> dict2 = {12:34,'a':'c','a':2}
>>> print(dict2)
{12:34, 'a':2}
```

我们可以通过键来修改对应的值，也可以通过方括号向字典中添加键值对，但需要注意的是，字典的键必须不可变，所以数字、字符串、元组都可以作为键，但是列表不可以作为键:

```
>>> dict2 = {12:34,'a':'c','a':2}
>>> print(dict2)
{12:34, 'a':2}
>>> dict2[12] = 22
>>> print(dict2)
{12:22, 'a':2}
>>> dict2[(11,42)] = 33 #使用元组作为键
>>> print(dict2)
{12:22, 'a':2, (11, 42): 33}
>>>
KeyboardInterrupt
>>> dict2[[11,42]] = 33 #使用列表作为键时报错
Traceback (most recent call last):
  File "<pyshell#10>", line 1, in <module>
    dict2[[11,42]] = 33
TypeError: unhashable type: 'list'
```

可以使用关键字 del 对字典中的对象进行删除，也可以使用 clear( )方法清除字典中的所有对象。接上例:

```
>>> del dict2[12]
>>> print(dict2)
{'a': 2, (11, 42): 33}
>>> dict2.clear( )
>>> print(dict2) #clear方法只是将字典中所有对象清除，所以输出时还会输出空字典
{}
>>> del dict2
>>> print (dict2)
Traceback (most recent call last):
  File "<pyshell#18>", line 1, in <module>
    print (dict2)
NameError: name 'dict2' is not defined
```

任务实施

根据字典的键必须唯一的特性，将运动员的号码作为字典中每个对象的键，将运动员的成绩作为值:

```
grade = {'S001':1.22,'S002':1.24, 'S003':1.19,'S004':1.31}
print(grade)
```

得到结果:

```
{'S001': 1.22, 'S002': 1.24, 'S003': 1.19, 'S004': 1.31}
```

假设小李同学因使用兴奋剂导致成绩作废，需要将小李同学的成绩从字典中删除：

```
print('S003号运动员因使用兴奋剂，成绩作废')
del grade['S003']
print(grade)
```

得到结果：

```
S003号运动员因使用兴奋剂，成绩作废
{'S001': 1.22, 'S002': 1.24, 'S004': 1.31}
```

使用方括号继续向成绩单中添加成绩：

```
grade['S005'] = 1.39
print(grade)
```

将代码进行整合，具体代码（保存为名为 dict.py 的文件）如下：

```
grade = {'S001':1.22,'S002':1.24, 'S003':1.19,'S004':1.31}
print(grade)
print('S003号运动员因使用兴奋剂，成绩作废')
del grade['S003']
print(grade)
grade['S005'] = 1.39
print(grade)
```

运行代码并得出结果：

```
{'S001': 1.22, 'S002': 1.24, 'S003': 1.19, 'S004': 1.31}
S003号运动员因使用兴奋剂，成绩作废
{'S001': 1.22, 'S002': 1.24, 'S004': 1.31}
{'S001': 1.22, 'S002': 1.24, 'S004': 1.31, 'S005': 1.39}
```

任务完成。

任务总结

在本任务中学习了字典的定义和基本操作，了解了字典类型中存储的元素分为键和值两部分，了解了键和值具有映射关系，学会了字典的基本操作，掌握了使用键来访问、添加、修改字典中对应的值，了解了使用 del 等关键字删除或清空字典。

任务检测

（1）简述生活中常见的映射关系。

（2）如果要将字典中的一个值删除，则可以使用什么方法？如果要清空一个字典，则应使用什么方法？

（3）请模仿本任务，利用字典生成一个班级成绩单。

任务拓展

请定义一个字典，尝试输出字典中的每个值。

任务12 运动会成绩单排序——字典的取值和排序操作

任务描述

将任务11中的代码进行调整，在运动员成绩统计结束之后，将运动员的成绩进行排序，最后输出淘汰选手的名单和冠、亚、季军名单。

任务分析

利用字典，将每位运动员的姓名和成绩作为一个键值对存入字典，使用字典内建的排序和返回序列函数，按照字符串的键排序，并将字典的对象返回为一个可操作的序列，最后使用打印函数将运动员的姓名和成绩输出。

知识准备

我们在任务11中学到了可以使用方括号来截取字典中与键对应的值。这种方法有一个弊端，当方括号内的键在字典中不存在时，编译器会返回一个错误信息：

```
>>> a = {'动物':'猫','植物':'树','微生物':'蜉蝣'}
>>> a['动物']
'猫'
>>> a['无机物']
Traceback (most recent call last):
  File "<pyshell#4>", line 1, in <module>
    a['无机物']
KeyError: '无机物'
```

编译器报错会导致代码无法继续运行，为了避免因为取值问题导致代码终止，字典中设置了内建函数get( )。get( )方法的使用方法为：字典名.get(键，默认值)。其中，默认值为当我们设置的键在字典中不存在时需要打印在屏幕上的值，如果不填写默认值，则返回空值：

```
>>> a.get('动物')
'猫'
>>> a.get('无机物','查无此键')
'查无此键'
```

字典中的keys( )方法用来以列表的形式返回整个字典中的键值对的键。因为字典是一个无序序列，所以字典中没有设置内建函数对字典内的对象进行排序，但是我们可以使用keys( )方法将字典中的键取出，再使用sorted( )方法将键按照大小进行排序，并使用reverse

参数来确定排序方式为降序还是升序：

```
>>> b = {131:'a',221:'b',32:'c',43:'d'}
>>> sorted(b.keys( ))
[32, 43, 131, 221]#默认排序方式为升序
>>> sorted(b.keys( ),reverse = True)
[221, 131, 43, 32]
```

在 Python3 中，keys( )方法可以省略：

```
>>> sorted(b)
[32, 43, 131, 221]
>>> sorted(b,reverse = True)
[221, 131, 43, 32]
```

同样，我们也可以使用 values( )方法将字典中的所有值以列表形式返回，无论是 keys( )方法、values( )方法，还是 sorted( )方法，都是对字典中的值进行复制后再进行操作，所以并不影响字典中的键及其顺序：

```
>>> b.values( )
dict_values(['a', 'b', 'c', 'd'])
>>> print(b)
{131: 'a', 221: 'b', 32: 'c', 43: 'd'}
```

当需要将两个字典合并为一个字典时，可以使用 update( )方法，并将需要合并的字典名作为参数，从而使这个字典中的所有键值对添加在指定字典的后面。例如，dict.update(dict2)表示将字典 dict2 添加到指定字典 dict 后面：

```
>>> a = {'动物':'猫','植物':'树','微生物':'蜉蝣'}
>>> b = {131:'a',221:'b',32:'c',43:'d'}
>>> a.update(b)
>>> print(a)
{'动物':'猫','植物':'树','微生物':'蜉蝣',131:'a',221:'b',32:'c',43:'d'}
```

任务实施

利用任务 11 所学知识，我们可以获得第一组运动员的成绩，现将第二组和第三组运动员的成绩存入字典，并使用 update( )方法将这三组成绩合并为一个字典：

```
grade1 = {1.22:'小张',1.24:'小王',1.31:'小刘', 1.39:'小周'}
grade2 = {1.21:'小赵',1.14:'小孙',1.45:'小吴', 1.44:'小耿'}
grade3 = {1.18:'欧阳',1.26:'慕容',1.37:'小郑', 1.40:'小白'}
grade1.update(grade2)
grade1.update(grade3)
```

使用 sorted( )方法将字典中的键进行排序，并将输出的结果存储到变量中：

```
grade_list = sorted(grade1)
print(grade_list)
```

运行代码得到结果：

```
[1.14, 1.18, 1.21, 1.22, 1.24, 1.26, 1.31, 1.37, 1.39, 1.40, 1.44, 1.45]
```

运动员的成绩已经按照从小到大的顺序进行排列，我们可以使用列表中的键将字典中对应的姓名值取出并进行输出，假设前三名选手获奖，后三名选手被淘汰：

```
print('恭喜%s同学获得冠军'%(grade1[grade_list[0]]))
```

```
    print('恭喜%s同学获得亚军'%(grade1[grade_list[1]]))
    print('恭喜%s同学获得季军'%(grade1[grade_list[2]]))
    print('很遗憾，%s同学，%s同学，%s同学被淘汰，下次再接再厉'%
(grade1.get(grade_list[-1]),grade1.get(grade_list[-2]),grade1.get(grade_li
st[-3])))
```

将代码进行整合，具体代码（保存为名为 dict2.py 的文件）如下:

```
    grade1 = {1.22:'小张',1.24:'小王',1.31:'小刘', 1.39:'小周'}
    grade2 = {1.21:'小赵',1.14:'小孙',1.45:'小吴', 1.44:'小耿'}
    grade3 = {1.18:'欧阳',1.26:'慕容',1.37:'小郑', 1.40:'小白'}
    grade1.update(grade2)
    grade1.update(grade3)
    grade_list = sorted(grade1)
    print(grade_list)
    print('恭喜%s同学获得冠军'%(grade1[grade_list[0]]))
    print('恭喜%s同学获得亚军'%(grade1[grade_list[1]]))
    print('恭喜%s同学获得季军'%(grade1[grade_list[2]]))
    print('很遗憾，%s同学，%s同学，%s同学被淘汰，下次再接再厉'%
(grade1.get(grade_list[-1]),grade1.get(grade_list[-2]),grade1.get(grade_li
st[-3])))
```

得到结果:

```
    [1.14, 1.18, 1.21, 1.22, 1.24, 1.26, 1.31, 1.37, 1.39, 1.4, 1.44, 1.45]
    恭喜小孙同学获得冠军
    恭喜欧阳同学获得亚军
    恭喜小赵同学获得季军
    很遗憾，小吴同学，小耿同学，小白同学被淘汰,下次再接再厉
```

任务完成。

任务总结

本任务学习了字典进阶操作方法，了解了根据键取值的 get( )方法、返回字典中所有键的 key( )方法、返回所有值的 value( )方法、可以根据键值进行排序的 sorted( )方法，并进行综合运用，实现了对字典进行排序及输出对应值的功能。

任务检测

（1）在字典中，通过方括号取值和通过 get( )方法取值有什么区别?

（2）如果要将一个字典中的所有键输出，则应该使用哪些函数? 如果要输出字典中所有的值，则应使用哪些函数?

（3）请定义一个字典，存储班级中所有同学的姓名和单科成绩，并将单科成绩按照从高到低的顺序排序，最后输出单科成绩前三名同学的名字。

任务拓展

请查阅资料，了解如何使用 sorted( )方法实现按照字典的值进行排序。

项目 7　正则表达式的应用

任务13　整理信息表——正则表达式

任务描述

在一份统计表中，我们获取了一部分资料，因为统计时没有统一格式，导致每条信息的录入格式都不相同，其中还包含一些错误信息，请整理该资料，提取资料中的有用信息。

谷晴奇	15200487690	28
楚莲	17842265553	21
熊杰琰,	1215958458196	32
郭树	18760005761	24
长孙竹	3318601245621	56
闵咏	13433742199	12
保雁武	2117853135326	21 岁
覃环宏,	13923022576	45 岁
刁纯榕	13767161437	
耿珠	18568527267	

任务分析

在之前的学习中了解到，通过使用方括号或内置函数对字符串进行切片输出，可以从字符串中获取满足条件的字符，但当遇到容量较大、格式不规则的字符串时，使用方括号或内置函数实现指定字符的输出将费时费力，不仅会增加代码行数、降低效率，而且会降低代码的可移植性和兼容性。为了解决这一问题，我们可以使用正则表达式完成任务：定义正确的正则表达式，对目标字符串进行匹配，最后对结果进行输出。

知识准备

正则表达式是对字符串操作的一种逻辑公式，就是用事先定义的一些特定字符，以及这些特定字符的组合组成一个“规则的字符串”，用这个“规则的字符串”来表达对字符串的一种过滤逻辑。正则表达式是一个特殊的字符序列，它能够帮助用户方便地检查一个字符串是否与某种模式匹配。

正则表达式并不只是 Python 语言独有，很多计算机程序语言都支持使用正则表达式对字符串进行操作。由于正则表达式的普适性，网络上有许多正则表达式在线测试网站，可以帮助程序员脱离语言、语法及编译运行等复杂过程，直接观察正则表达式的运行结果是否正确，从而可以提高程序的编写及调试效率。本任务选择在正则表达式在线测试网站上执行测试操作。正则表达式在线测试网站如图 2-1 所示。

图 2-1　正则表达式在线测试网站

正则表达式一般由普通字符和特殊字符（又称元字符）构成，通过正则表达式可以对字符串进行过滤以取得想要的值。普通字符，即指常见的 0～9、a～z、A～Z 等字符。本任务重点讲解正则表达式中的元字符。

正则表达式可以对输入的字符直接进行匹配，并输出所有符合条件的结果。如果需要按照一定的规律进行匹配，则需要用到元字符：

```
#准备匹配的字符串
Zoo,Apple,Banana,Monkey
#正则表达式写法
a
na
#对应的输出结果
a a a
na na
```

点“.”是在正则表达式中最常用的字符，可以匹配除换行符之外的所有字符，但仅可以智能匹配一次。如果想要对字符串进行全部匹配，则可以使用加号“+”或星号“*”，这两个字符的使用方法非常相似，唯一的区别是：使用星号时将从第零位字符开始匹配；使用加号时将从第一位字符开始匹配：

```
#准备匹配的字符串
Zoo,Zo,Z,Apple,Banana,Monkey,
#正则表达式写法
.
Zo+
ZO*
#对应输出结果
```

```
Z o o , Z o , Z ,A p p l e , B a n a n a , M o n k e y ,
Zoo Zo        #因为从第一位字符开始匹配，所以字符Z没有被匹配
Zoo Zo Z      #因为从第零位字符开始匹配，所以字符Z被匹配
```

加号和星号默认为贪婪模式，贪婪模式是指表达式会尽可能多地匹配对应的字符，但是当相似字符较多时，则会出现判定错误，这时就需要使用问号“？”将贪婪模式修改为非贪婪模式。

```
#准备匹配的字符串
<abc><deg><car>dse<ksc>
#正则表达式写法
<.*>#正则表达式的意思为匹配所有尖括号中的字符。
<.*? >
#对应的输出结果
<abc><deg><car>dse<ksc>#因为第一位尖括号可以和第二位、第三位、第四位进行配对，所以可以在贪婪模式下匹配第四位
<abc><deg><car><ksc>    #使用？将*指定为非贪婪模式，不符合规则的字符将被过滤
```

花括号“{}”表示对花括号前的字符匹配指定次数，也就是当花括号前的字符连续出现的次数为指定次数时才会被匹配。在花括号中可以输入最小值和最大值，表示最少匹配的次数和最多匹配的次数:

```
#准备匹配的字符串
Zoo,Apple,Banana,Monkey,zooooooo
#正则表达式写法
o{3}
o{2,3}
#对应的输出结果
ooo ooo         #字符串zoo中的oo未被匹配，字符串zooooooo中的字符被匹配两次
oo ooo ooo      #字符串zoo中的oo被匹配一次，字符串zooooooo中的字符被匹配两次
```

在正则表达式中，方括号“[]”表示匹配方括号中字符的其中之一，每一个被包含在方括号中的字符都将与字符串进行匹配，只要字符串中的字符有一个与方括号中的字符相同则会被输出。也可以在方括号中的第一位加入符号“^”，表示匹配除方括号中字符以外的所有字符。方括号中支持范围简写，如想要匹配字符串中的所有大写英文字符，则可以简写为[A-Z]，当然，也可以使用[^A-Z]来表示排除字符串中的所有字符:

```
#准备匹配的字符串
Zoo,Apple,Banana,Monkey
#正则表达式写法
[abcde]
[ABC]
[^a-z]
#对应的输出结果
e a a a e
A B
Z , A , B , M
```

小括号“()”表示分组，在小括号中可以包含子表达式，子表达式中的内容可以通过代码进行提取并再次使用:

```
#准备匹配的字符串
```

```
Zoo,
Apple,
Banana
Monkey
zoooooooo
#正则表达式写法
.+, #表达式的意思是匹配每个逗号之前的所有字符
(.+),
#对应的输出结果
Zoo, Apple,
Zoo, Apple,#虽然输出结果相同，但是括号表达式中的Zoo和Apple都已经被分组，可以通过代码调取使用
```

当需要进行匹配过滤的字符串中包含元字符时，需要使用反斜杠“\”对元字符进行转义：

```
#准备匹配的字符串
(abc)(deg)(car)dse(ksc)
#正则表达式写法
\(.*?\)
#对应输出结果
(abc)(deg)(car)(ksc)
```

正则表达式中还有一些简单的特殊字符。例如，当“^”字符不在括号中时，表示匹配字符串的开头；“$”表示匹配字符串的末尾；“\d”表示匹配 0~9 任意一个数字字符；“\D”表示匹配任意一个不是 0~9 的数字字符；“\s”表示匹配任意一个空白字符，包括空格、Tab、换行符等；“\S”表示匹配任意一个非空白字符；“\w”表示匹配任意一个文字字符，默认包括 Unicode 文字字符，如果指定 ASCII 码标记，则只包括 ASCII 字母；“\W”表示匹配任意一个非文字字符。还有一些简单的修饰符。一般来说，修饰符可以在正则表达式在线测试网站上直接进行设置，其中，“-g”表示全局搜索，也就是查找所有的匹配项；“-i”表示忽略字符大小写；“-m”表示多行模式，当多行模式开启时，“^”字符和“$”字符将匹配每一行的开头和结尾。正则表达式的修饰符如图 2-2 所示。

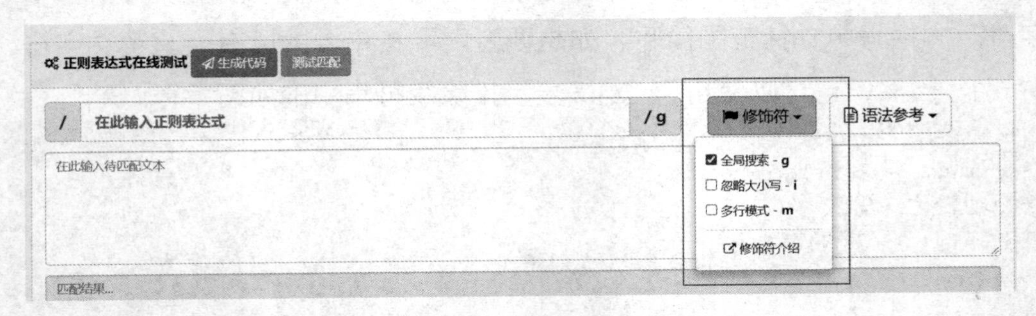

图 2-2　正则表达式的修饰符

任务实施

在本任务中使用正则表达式调整格式时，首先对统计表中的姓名进行匹配，此时需要开启多行模式，并设置在字符开头匹配最少两个字符、最多三个字符：

```
^.{2,3}
```

得到结果：

```
谷晴奇
楚莲
熊杰琰
郭树
长孙竹
闵咏
保雁武
覃环宏
刁纯榕
耿珠
```

对统计表中的电话号码进行匹配，由于统计表中有错误的电话号码，所以需要根据电话号码的规则，使用正则表达式进行匹配。

```
1[3-9]\d{9}#表示第一位为1，第二位为3～9中的一个数字，然后再向后匹配9位数字，组成11位手机号码
```

得到结果:

```
15200487690
17842265553
15958458196
18760005761
18601245621
13433742199
17853135326
13923022576
13767161437
18568527267
```

从行尾开始匹配两位数字，以获取年龄:

```
\d{2}岁{0,1}$#从行尾开始匹配两位数字，岁字可以出现0次或1次
```

得到结果:

```
28
24
56
12
21岁
45岁
```

任务完成。

任务总结

在本任务中学习了正则表达式元字符和修饰符的使用方法，通过使用正则表达式以匹配统计表中的有效信息并进行输出。

任务检测

（1）简述正则表达式中各类元字符的作用。

（2）如果想要在字符串中匹配所有的数字，则应该使用哪种正则表达式?

任务拓展

如果要在 Python 中使用正则表达式提取相关数据，则应该怎样做?

任务14 正则表达式的代码实现——正则模块的使用

任务描述

在任务 13 中使用正则表达式将有用的信息提取了出来，在本任务中，将使用 Python 中的 re 模块对统计资料加载正则表达式，以调整统计资料格式并输出。

任务分析

在掌握了正则表达式的使用方法后，我们需要将正则表达式运用到 Python 中，使用 Python 中的 re 模块加载正则表达式，将有效信息过滤后输出。

知识准备

在 Python 中，每一个.py 文件都称为一个模块，模块之间可以互相调用，从而可以使用模块中的方法达到节省代码的目的。在真实的开发环境中，每一个模块都是为了实现特定的功能而开发的，这些模块像积木一样，最终可以组成功能完整的软件。Python 中集成了很多功能强大的标准库模块，可以通过 import 语句来进行调用。本任务会使用到 re 模块。

re.match( )方法的从字符串的起始位置开始匹配，如果起始位置匹配不成功，re.match( ) 则返回 None（空类型）。该方法的使用方法为:

re.match(pattern, string,[flags])

参数说明:

pattern: 表示匹配的正则表达式

string: 表示要匹配的字符串

flags: 可选参数，作为标志位，用于控制匹配方式。

re.search( )方法的功能是在整个字符串中搜索第一个匹配的值，如果匹配成功，则返回匹配对象，否则返回 None（空类型）。该方法的使用方法为:

re.match(pattern, string,[flags])

参数 pattern、string、flags 的说明同上。

re.match( )方法和 re.search( )方法只对字符串中符合规则的部分匹配一次，可以使用 re.findall( )方法将字符串中所有符合条件的部分匹配出来，匹配的结果会以列表的形式返回：

```
import re
print(re.match('cat','cat,dog,bird,cat,cat,cat'))
print(re.match('cat','dog,cat,bird,cat,cat,cat'))
print(re.search('cat','cat,dog,bird,cat,cat,cat'))
print(re.search('cat','dog,cat,bird,cat,cat,cat'))
print(re.findall('cat','dog,cat,bird,cat,cat,cat'))
```

运行代码得到结果：

```
<re.Match object; span=(0, 3), match='cat'>
None
<re.Match object; span=(0, 3), match='cat'>
<re.Match object; span=(4, 7), match='cat'>
['cat', 'cat', 'cat', 'cat']
```

可以看出，返回值并不是标准字符串形式，而是包含了方法、字符范围和匹配值等一系列信息，如果仅需获取匹配值，则可以将正则表达式分组，使用 group(num)方法返回分组中的内容，num 是分组索引，当不填写参数 num 时，默认 num 为 0：

```
import re
findline = re.search('(.*)cat(.*)','dog,cat,bird')
print(findline)
print(findline.group(0))
print(findline.group(1))
print(findline.group(2))
```

运行代码得到结果：

```
<re.Match object; span=(0, 12), match='dog,cat,bird'>
dog,cat,bird
dog,
,bird
```

当需要将字符串中匹配的内容进行替换时，可以使用 re.sub( )方法，使用的方法为：

re.sub(pattern, repl, string, count=0, flags=0)

参数说明：

pattern：正则中的模式字符串。

repl：替换的字符串，也可为一个函数。

string：要被查找或被替换的原始字符串。

count：模式匹配后需要替换的最大次数，默认为 0 表示替换所有的匹配。

```
import re
character1 = re.sub('cat','','dog,cat,bird')
character2 = re.sub('cat','panda','dog,cat,bird')
print(character1)
print(character2)
character3 = re.sub('cat','panda','dog,cat,bird,cat')
character4 = re.sub('cat','panda','dog,cat,bird,cat',1)
print(character3)
print(character4)
```

运行代码得到结果:

```
dog,,bird
dog,panda,bird
dog,panda,bird,panda
dog,panda,bird,cat
```

re.split( )方法可以利用已用正则表达式匹配的字符串作为切割字符串时的分界，并将分界两侧的值作为列表返回，若有一侧没有值则返回空值。使用的方法为:

re.split(pattern, string[, maxsplit=0, flags=0])

参数说明:

pattern: 匹配的正则表达式。

string: 要匹配的字符串。

maxsplit: 可选参数，表示切割次数; maxsplit=1 切割一次; 默认为 0，不限制次数。

flags: 可选参数，作为标志位，用于控制正则表达式的匹配方式。

需要注意的是，如果被匹配字符的左右为空，则该函数会返回一个空字符:

```
import re
character1 = re.split(',','cat,panda,dog,cat.bird,cat.')#以,为分界对字符串进行切割
character2 = re.split('[,,.]','cat,panda,dog.cat,bird,cat...')#以.为分界对字符串进行切割
character3 = re.split('cat','cat,panda,dog.cat,bird,cat...')#以cat为分界对字符串进行切割
print(character1)
print(character2)
print(character3)
```

因为正则表达式的写法较为复杂，在复用的时候容易出现编写错误，所以在 Python 中也可以使用正则表达式变量，使用 re.compile( )方法对表达式进行编译，生成一个正则表达式变量供函数使用。re.compile( )方法的使用方法为:

re.compile(pattern[, flags])

参数说明:

pattern : 一个字符串形式的正则表达式。

flags : 可选参数，表示标志位，用于控制正则表达式的匹配方式，如是否区分大小写、多行匹配等。

在 re.compile( )方法中，通常需要在正则表达式的最前面加上一个 r，表示之后的字符串为原生字符串，以解决因为多次转义造成的反斜杠的困扰:

```
import re   #导入re模块
pattern1 = re.compile(r',')
pattern2 = re.compile(r'[,,.]')
pattern3= re.compile(r'cat')
character1 = re.split(pattern1,'cat,panda,dog,cat.bird,cat.')#以,为分界对字符串进行切割
character2 = re.split(pattern2,'cat,panda,dog.cat,bird,cat...')#以.为分界对字符串进行切割
character3 = re.split(pattern3,'cat,panda,dog.cat,bird,cat...')#以cat
```

```
为分界对字符串进行切割
    print(character1)
    print(character2)
    print(character3)
```

输出结果为:

```
    ['cat', 'panda', 'dog', 'cat.bird', 'cat.']
    ['cat', 'panda', 'dog', 'cat', 'bird', 'cat', '', '', '']
    ['', ',panda,dog.', ',bird,', '...']
```

任务实施

导入 re 模块，将统计表存储到变量中:

```
    import re #导入re模块
    file = 谷晴奇         15200487690      28
    楚莲        17842265553       21
    熊杰琰,       1215958458196  32
    郭树      18760005761     24
    长孙竹       3318601245621     56
    闵咏        13433742199       12
    保雁武      2117853135326  21岁
    覃环宏,       13923022576      45岁
    刁纯榕       13767161437
    耿珠         18568527267
```

编译匹配姓名的正则表达式，并将编译结果存入变量 partten1 中，使用 re.findall( )方法进行匹配，将该函数的返回值存入变量中:

```
    pattern1 = re.compile(r'^.{2,3}',re.M)
    name = re.findall(pattern1,file)
```

同理，编译匹配电话和姓名的正则表达式，并使用 re.findll( )方法进行匹配，并将返回值存入变量中:

```
    pattern1 = re.compile(r'^.{2,3}',re.M)
    name1 = re.findall(pattern1,file)
    pattern2 = re.compile(r'1[3-9]\d{9}',re.M)
    name2 = re.findall(pattern2,file)
    pattern3 = re.compile(r'\d{2}岁{0,1}$',re.M)
    name3 = re.findall(pattern3,file)
```

最后进行输出:

```
    print('有效姓名为:',name1)
    print('有效电话为:',name2)
    print('有效年龄为:',name3)
```

将代码进行整合并运行:

```
    import re #导入re模块
    file = '''谷晴奇         15200487690      28
    楚莲        17842265553       21
    熊杰琰,       1215958458196  32
    郭树      18760005761     24
    长孙竹       3318601245621     56
    闵咏        13433742199       12
```

```
    保雁武        2117853135326  21岁
    覃环宏,        13923022576      45岁
    刁纯榕        13767161437
    耿珠          18568527267 '''#使用三引号使字符串中可以包含回车
    pattern1 = re.compile(r'^.{2,3}',re.M)
    name1 = re.findall(pattern1,file)
    pattern2 = re.compile(r'1[3-9]\d{9}',re.M)
    name2 = re.findall(pattern2,file)
    pattern3 = re.compile(r'\d{2}岁{0,1}$',re.M)
    name3 = re.findall(pattern3,file)
    print('有效姓名为:',name1)
    print('有效电话为:',name2)
    print('有效年龄为:',name3)
```

运行并得到结果:

```
    有效姓名为: ['谷晴奇', '楚莲 ', '熊杰琰', '郭树 ', '长孙竹', '闵咏 ', '保雁武', '覃环宏', '刁纯榕', '耿珠 ']
    有效电话为: ['15200487690', '17842265553', '15958458196', '18760005761', '18601245621', '13433742199', '17853135326', '13923022576', '13767161437', '18568527267']
    有效年龄为: ['28', '21', '32', '24', '56', '12', '21岁', '45岁']
```

任务完成。

任务总结

在本任务中学习了 Python 中 re 模块的定义，了解了 re 模块中的各种方法及其使用方法，通过编译正则表达式实现了使用 Python 正则表达式对文本进行匹配操作。

任务检测

（1）简述模块中的常用函数及其作用。

（2）请利用正则表达式删除本任务输出结果中的所有空格。

（3）利用正则表达式，输出本任务中的有效电话号码。

任务拓展

请使用正则表达式解密并输出一首藏头诗。

流程控制语句

流程控制在程序设计语言中是一项非常重要的功能，它改变了程序线性执行的方式，使程序按照用户的想法，以一定的逻辑结构进行执行。本模块将对 Python 中的流程控制语句进行详细的讲解。

学习目标

了解程序的三种流程控制结构，掌握控制语句、循环语句的多种形式及使用方法，了解循环跳转语句、空语句的使用技巧，通过具体实例掌握 Python 流程控制语句的综合运用及解决实际问题的能力。

知识框架

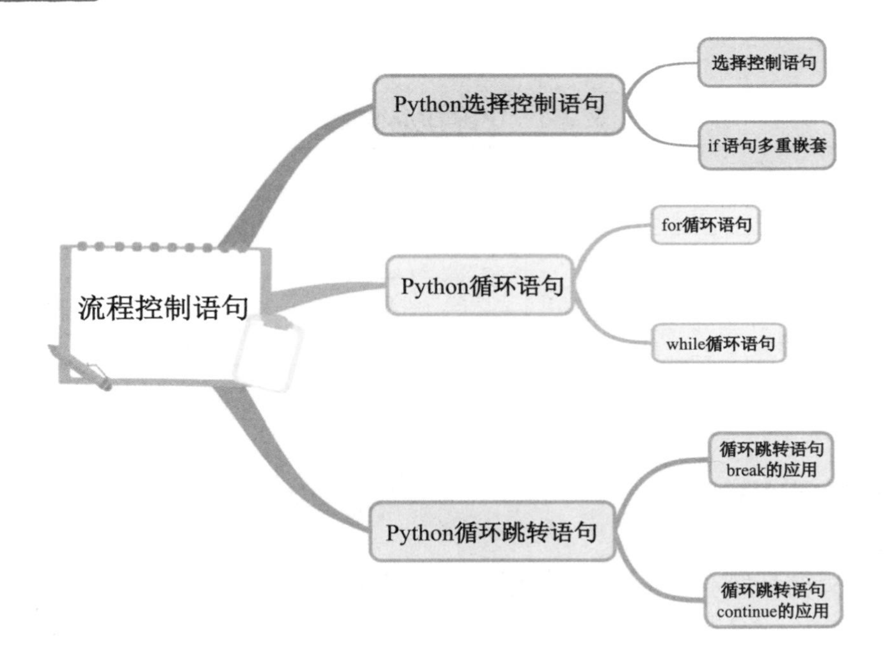

项目 8　Python 选择控制语句

任务15　体质指数判断——选择控制语句

任务描述

身体质量指数（简称“体质指数”，英文简称 BMI）是国际上常用的衡量人体肥胖程度和是否健康的重要标准，作为程序员的小白同学想利用 Python 选择控制语句编写一个健康小程序，以用于根据体重和身高来计算 BMI，并根据中国 BMI 衡量标准输出 BMI 分类和相关疾病发病危险性提示信息。

体质指数（BMI）=体重（kg）÷身高的平方（m^2）

任务分析

编写一个根据体重和身高计算 BMI 值的程序，程序编写思路如下。

输入：体重值和身高值。

处理：计算 BMI 值，根据 BMI 指标分类找到合适的类别。

输出：输出指标分类信息。

中国 BMI 衡量标准如表 3-1 所示。

表 3-1　中国 BMI 衡量标准

分　类	BMI 值
偏瘦	18.4
正常	18.5～23.9
偏胖	24～27.9
肥胖	≥28

知识准备

3.1　条件的描述

在选择结构和循环结构中，程序是根据条件来执行代码的。Python 中的条件是一个条件表达式，条件表达式的结果对应布尔型（bool）的两个值（True 或 False），True 表示条件成立，False 代表条件不成立。

当条件表达式的结果值不直接为 True 或 False 时，None、任何数据类型中的 0、空字符串" "、空元组( )、空列表[]、空字典{}、空集合等都等价于 False，其他值等价于 True。

1. 关系运算符

关系运算符用于比较两个操作数的大小关系。Python 的关系运算符如表 3-2 所示。

表 3-2　Python 的关系运算符

关系运算符	含　义
<	小于
<=	小于或等于
>=	大于或等于
= =	等于
!=	不等于

Python 允许在一个关系表达式中比较多个值，但大小关系不具备传递性，仅当表达式中多个关系运算的计算结果都为 True 时，才显示 True 的结果。

2. 逻辑运算符

在 Python 中，逻辑运算就是将变量用逻辑运算符连接起来，并对其求值的运算过程。在 Python 程序中只能将 and、or、not 三种运算符用于逻辑运算。Python 的逻辑运算符如表 3-3 所示。

表 3-3　Python 的逻辑运算符

运　算　符	逻辑表达式	含　义
and	x and y	布尔“与”
or	x or y	布尔“或”
not	not x	布尔“非”

3. 成员运算符

Python 的成员运算符用于确认指定的值是否为序列结构中的某个成员。Python 的成员运算符如表 3-4 所示。

表 3-4　Python 的成员运算符

运　算　符	含　义
in	在序列中找到指定的值就返回 True，否则返回 False
not in	在序列中没有找到指定的值就返回 True，否则返回 False

4. Python 运算符优先级

在数学里加、减、乘、除等存在运算优先级的问题，在 Python 里也一样，Python 运算符优先级顺序（由高到低）如表 3-5 所示。

表 3-5　Python 运算符优先级顺序

优先级顺序	运　算　符	运算符名称
1	**	指数（最高优先级）
2	～、+、-	按位翻转、数字前的正号、数字前的负号
3	*、/、%、//	乘、除、取模、取整除
4	+、-	加法、减法
5	>>、<<	右移运算符、左移运算符
6	&	位运算符
7	^、|	位运算符
8	<=、< >、>=、==、!=	关系运算符
9	=、%=、/=、//=、-=、+=、*=、**=	赋值运算符
10	is、is not	同一运算符
11	in、not in	成员运算符
12	not、and、or	逻辑运算符

说明:

可以利用小括号改变运算的优先顺序。

3.2　选择结构

1. 单分支结构的 if 语句

格式如下:

```
if 表达式:
        语句块
```

当语句块中只有单条语句时，也可以写为如下格式:

```
if 表达式:单条语句
```

表达式为 if 语句的判断条件，以布尔值的形式判断 if 语句是否执行语句块，当表达式的值为 True 时，则执行语句块；当表达式的值为 False 时，则不执行语句块。这种单分支结构的 if 语句的逻辑相当于汉语里的关联词语“如果……就……”，其流程图如图 3-1 所示。

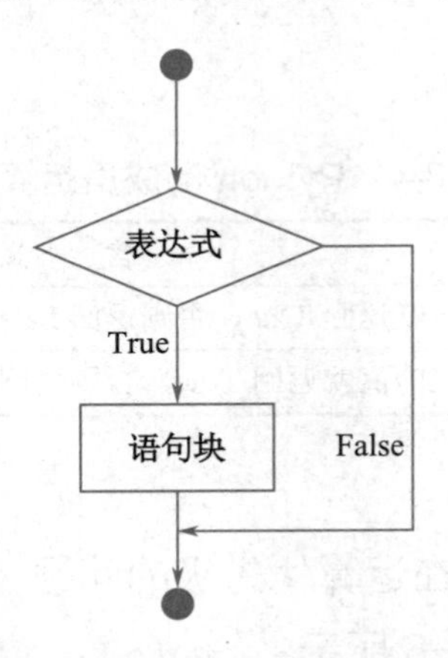

图 3-1　单分支结构的 if 语句流程图

说明：在 Python 中，当表达式的值为非零的数或非空的字符串时，其值为 True。

【实例 3-1】输出一个整数的绝对值。

```
x=input('请输入一个整数：')          #提示输入一个整数
x=int(x)                             #将输入的字符串转换为整数
if x<0:                              #判断x是否小于0
   x=-x                              #如果x小于0,则为x取负值
print(x)                             #输出x值
```

当输入-200 时，实例 3-2 的运行结果如图 3-2 所示。

```
请输入一个整数：-200
200
```

图 3-2　实例 3-1 的运行结果

从上述实例可以看出，if 语句支持多行执行，但是必须要加半角冒号。

if 语句中的表达式可以直接使用布尔值，也可以以表达式的形式体现，表达式计算的最终结果为布尔值。

2．双分支结构的 if…else 语句

在前面介绍的 if 语句中，并不能对条件不符合的内容进行处理，所以 Python 引入了另外一种条件语句 if…else。

格式如下:

```
if 表达式:
     语句块1
else:
     语句块2
```

在双分支结构的 if…else 语句中，如果表达式的值为 True，则执行语句块 1，否则执行语句块 2。双分支结构的 if…else 语句的流程图如图 3-3 所示。

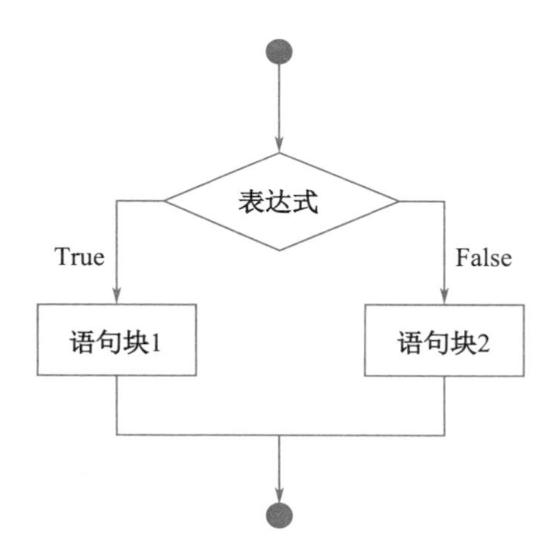

图 3-3　双分支结构的 if…else 语句流程图

【实例 3-2】使用 if…else 语句实现对正负数的判断。

```
x=input("请输入一个整数:")                  #提示输入一个整数
x=int(x)                                    #将输入的字符串转换为整数
if x<0:                                     #判断x是否小于0
    print('同学,您输入的是一个负数')        #当x<0时利用print函数输出自定义信息
```

```
    else:
        print('同学,您输入的是一个正数或者0') #当x≥0时利用print函数输出自定义信息
```

当输入-100 时，实例 3-2 的运行结果如图 3-4 所示。

```
请输入一个整数:-100
同学,您输入的是一个负数
```

图 3-4　实例 3-2 的运行结果

3．多分支结构的 if…elif…else 语句

在 Python 中，if…elif…else 语句是一种十分强大的多分支结构条件语句，它可以对多种情况进行判断。语法格式如下：

```
if 表达式1:
       语句块1
elif 表达式2:
       语句块2
elif 表达式3:
       语句块3
…
else:
       语句块n
```

在上述多分支结构中，首先会判断表达式 1，当表达式 1 的值为 True 时执行语句块 1，当表达式 1 的值为 False 时再判断表达式 2，当表达式 2 的值为 Ture 时执行语句块 2，当表示式 2 的值为 False 时再判断表达式 3，以此类推，直到找到满足条件的表达式。当所有表达式都不满足条件时，则执行 else 语句块。需要注意的是，当其中一个 elif 后的表达式满足条件时，将不会对随后的 elif 表达式进行判断。多分支结构的 if…elif…else 语句的流程图如图 3-5 所示。

【实例 3-3】使用 if…elif…else 语句编写程序，对于给定的一个百分制成绩，输出相应的五分制成绩（90 分及以上为 A，80 至 89 分为 B，70 至 79 分为 C，60 至 69 分为 D，60 分以下为 E）。

```
x=input("请输入您的二级Python成绩: ")          #提示输入一个成绩信息
x=float(x)                                     #将输入的字符串转换为浮点型数据
if x>=90:                                      #判断x是否大于或等于90
    print("您的成绩为: A 太棒了！！！")           #x大于或等于90时的自定义输出
elif x>=80:                                    #判断x是否大于或等于80
    print("您的成绩为: B 成绩不错啊！！！")       #x大于或等于80时的自定义输出
elif x>=70:                                    #判断x是否大于或等于70
    print("您的成绩为: C 加油同学！！！")         #x大于或等于70时的自定义输出
elif x>=60:                                    #判断x是否大于或等于60
    print("您的成绩为: D 不要灰心噢同学！！！")   #x大于或等于60时的自定义输出
else:
    print("您的成绩为: E 还需要再努力噢！！！")   #当以上条件都不满足时的自定
义输出
```

在上述代码中使用了多个 elif 语句分支，功能为根据每个 elif 条件是否成立来判断成绩的等级，分别输入 90 分和 50 分的运行结果如图 3-6 所示。

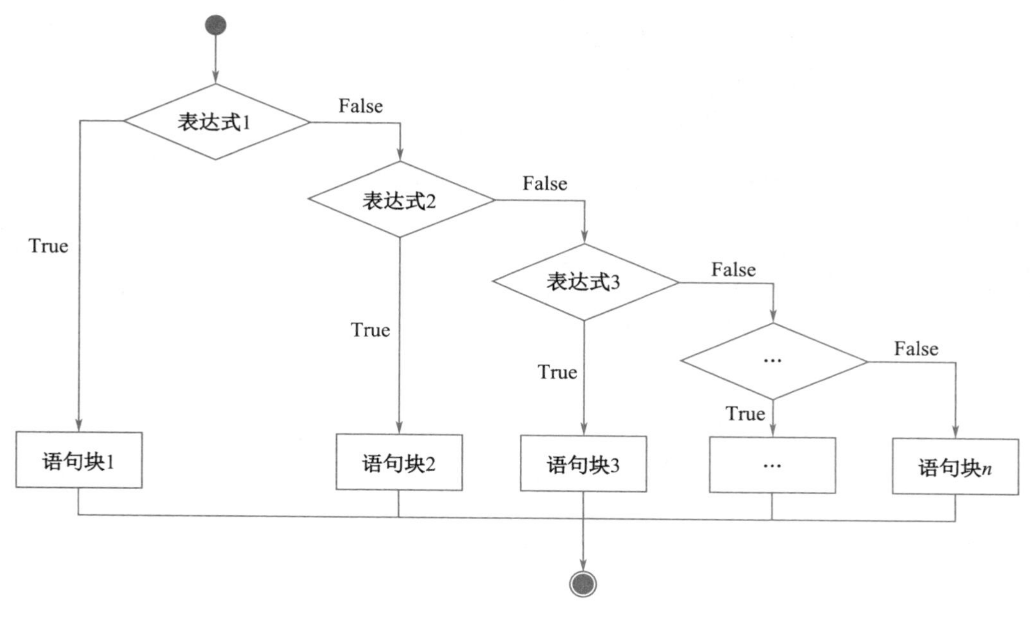

图 3-5　多分支结构的 if…elif…else 语句流程图

```
请输入您的二级Python成绩：90
您的成绩为：A 太棒了！！！
```

```
请输入您的二级Python成绩：50
您的成绩为：E 还需要再努力噢！！！
```

图 3-6　实例 3-3 的运行结果

任务实施

本任务涉及多重判断，我们将采用多分支结构的 if…elif…else 语句来实现本任务，程序流程图如图 3-7 所示。

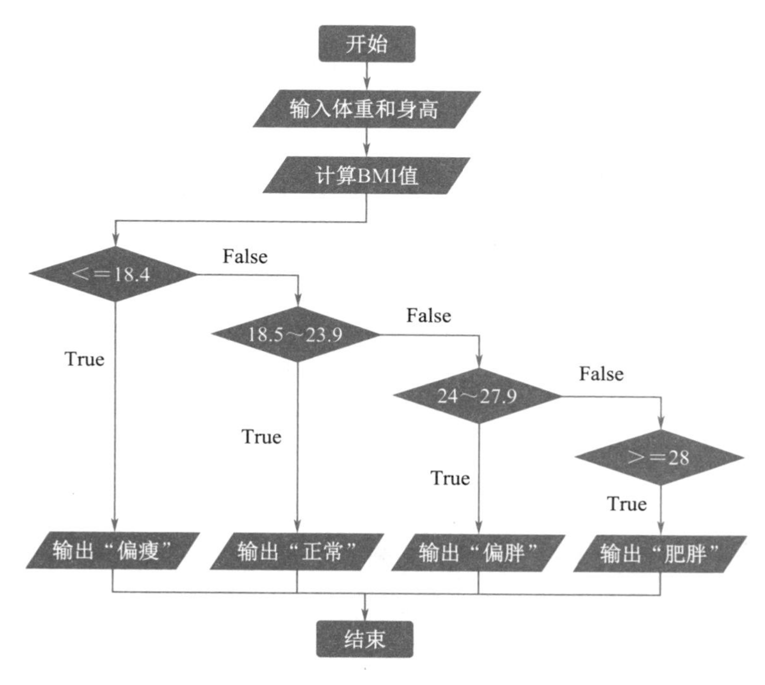

图 3-7　计算 BMI 程序流程图

本任务程序代码如下：

```
    weight=float(input('请输入您的体重(kg):'))      #用float函数将用户输入的体重数值转换为浮点型并赋值给变量weight
    high=float(input('请输入您的身高(cm):'))        #用float函数将用户输入的身高数值转换为浮点型并赋值给变量high
    BMI=float(format((weight/high**2),'.1f'))      #根据公式计算BMI值
    if BMI<=18.4:                          #判断BMI是否小于或等于18.4
        print('您的体重偏瘦')               #如果BMI小于或等于18.4，则打印相应信息
    elif 23.9>=BMI>=18.5:                  #判断BMI是否大于或等于18.5并小于或等于23.9
        print('您的体重正常。')             #如果BMI大于或等于18.5并小于或等于23.9则打印相应信息
    elif 27.9>=BMI>=24:                    #判断BMI是否大于或等于24并小于或等于27.9
        print('您的体重偏胖。')             #如果BMI大于或等于24并小于或等于27.9则打印相应信息
    else:
        print('您的体重属于肥胖,请注意健康风险.')  #以上条件都不满足则打印相应信息
```


任务总结

本任务主要利用 Python 选择控制语句编写程序，实现了身体质量指数（BMI）的计算。使用选择控制语句的目的是根据条件来执行代码的分支结构，分支结构主要包括单分支结构的 if 语句、双分支结构的 if…else 语句、多分支结构的 if…elif…else 语句。在选择控制语句中，表达式是必不可少的，最常用的表达式是关系表达式和逻辑表达式。表达式中通常会用到关系运算符、逻辑运算符、成员运算符。

任务检测

1. 选择题

（1）已知 x=2、y=8，表达式 x+y and y%2 的值为＿＿＿＿＿＿。

A. False　　B. True　　C. 10　　D. 0

（2）已知 x=4、y=7，表达式 x+y or y%x 的值为＿＿＿＿＿＿。

A. False　　B. True　　C. 11　　D. 3

（3）下列语句正确的是＿＿＿＿＿＿。

A.
```
if a>b:
    print(a)
```
B.
```
if and :
    print(a)
```
C.
```
if a>0 a=m
```
D.
```
if 3<4:
    print(3)
else
    print(4)
```

（4）运行以下程序，输入 3.2，则输出结果是＿＿＿＿＿。

```
x=eval(input('x='))
y=0
if x>=0:
if x!=0:
  y=1
else:
```

```
  y=-1
print(y)
```

A. 0　　B. 1　　C. -1　　D. 不确定

（5）运行以下程序，输入 2,3，则输出结果是__________。

```
x,y=eval(input('x,y='))
if x>=y:
x,y=x+1,x+1
else:
x,y=y-1,x-1
print(x,y)
```

A. 2 1　　B. 2,1　　C. 4 3　　D. 提示语法错误

2. 填空题

（1）表达式 1<2==2 的值为__________。

（2）表达式 type(3+4j) in (int,float,complex)的值为__________。

（3）表达式 not 1>2 and 3>4 的值为__________。

（4）运行以下代码，输出结果是__________。

```
a=3
b=0
if a<=3:
a+=1
b=10
if a>3:
  a-=1
  b=20
print(a,b)
```

3. 编程题

（1）编写程序：输入一个整数，判断其奇偶性。

（2）编写程序：输入三角形的三边，当构成三角形时计算三角形的面积，否则输出出错提示。

任务拓展

（1）在交互执行方式下输入以下语句，并记录执行结果（如果显示大段出错信息，则可以简记为“出错”）。

```
x=3
y=5
2<x<y<10
__________
2<x<y>10
__________
x>2 and y>5
__________
x>2 or y>5
__________
```

```
x and y
__________
not x and y
__________
x or y
__________
```

（2）输入某一年份 x，判断该年份是否为闰年，是闰年则输出 yes，否则输出 no。

任务16 设计快递邮费自动计算系统——if 语句多重嵌套

任务描述

一位快递员朋友委托小白同学设计一个快递邮费自动计算系统，以解决每次手动计算邮费的烦恼。具体的任务要求如下。

邮件重量首重 3 千克以内，且未超过 3 千克时，东三省、宁夏、青海、海南收费 12 元，新疆、西藏收费 20 元，其他地区收费 10 元，对港澳台、国外不接收寄件。邮件重量超过 3 千克（含 3 千克）后每千克加价标准为：东三省、宁夏、青海、海南加价 10 元/千克，新疆、西藏加价 15 元/千克，其他地区加价 5 元/千克。向港澳台、国外寄件需联系总公司。计算邮费时邮件重量向上取整数。

任务分析

计算快递邮费时，需首先按照邮件重量进行判断邮件是否超重，再根据地区进行计算，可以使用 if 语句多重嵌套设计程序，其设计流程图如图 3-8 所示。

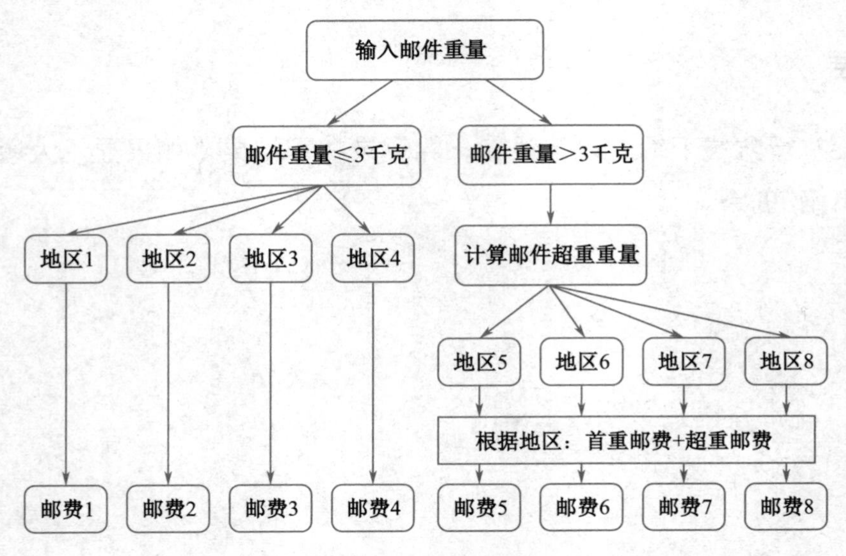

图 3-8 快递邮费自动计算系统设计流程图

知识准备

3.3 if 语句嵌套

前面介绍了三种形式的 if 选择语句，这三种形式的选择语句可以互相嵌套。

在最简单的 if 语句中嵌套 if…else 语句，形式如下：

```
if 表达式1:
    if 表达式2:
        语句块1
    else:
        语句块2
```

在 if…else 语句中嵌套 if…else 语句，形式如下：

```
if 表达式1:
    if  表达式2:
        语句块1
    else:
        语句块2
else:
    if 表达式3:
    语句块3
    else:
```

说明：

if 选择语句可以有多种嵌套形式，开发程序时，可以根据自身需要选择合适的嵌套形式，但是一定要严格控制好不同级别代码块的缩进量。

任务实施

本任务通过使用多重嵌套的 if 语句，实现根据输入的邮件重量及地区自动计算邮费的功能，代码如下：

```
    print("********欢迎进入快递邮费自动计算系统!********") #显示欢迎信息
    weight=int(input("请输入重量整数（千克）："))   #接收用户输入的邮件重量数据并将该数据转换为整型数据，将数据赋值给变量weight
    diqu=input("请输入地区编号（1：其他 2：东三省、宁夏、青海、海南 3：新疆、西藏 4：港澳台、国外）:")              #接收地区编号，并将数据赋值给变量diqu
    if weight>=3:                                   #判断邮件重量是否大于或等于3千克
        print("首重+超重")                           #如果邮件重量大于或等于3千克则打印相关信息
        cizhong=int(weight-3)                       #计算邮件超重重量
        if diqu=="1":                               #判断地区编号是否等于1
            print("需收邮费（元）：")                 #如果地区编号等于1则显示相关信息
            print(cizhong*5+10)                     #显示超重邮费+首重邮费
        elif diqu=="2":                             #判断地区编号是否等于2
            print("需收邮费（元）：")                 #如果地区编号等于2则显示相应信息
            print(cizhong*10+12)                    #显示超重邮费+首重邮费
        elif diqu=="3":                             #判断地区编号是否等于3
            print("需收邮费（元）：")                 #如果地区编号等于3则显示相应信息
```

```
            print(cizhong*15+20)                #显示超重邮费+首重邮费
        elif diqu=="4":                         #判断地区编号是否等于4
            print("请联系总公司")                #如果地区编号为4则显示相关信息
        else:
            print("地区编号输入错误了!")         #如果地区编号输入错误则显示提示信息
    elif weight<3 and weight>0:
        if diqu=="1":                           #判断地区编号是否等于1
            print("需收邮费(元):10")            #如果地区编号等于1则显示相应信息
        elif diqu=="2":                         #判断地区编号是否等于2
            print("需收邮费(元):12")            #如果地区编号等于2则显示相应信息
        elif diqu=="3":                         #判断地区编号是否等于3
            print("需收邮费(元):20")            #如果地区编号等于3则显示相应信息
        elif diqu=="4":                         #判断地区编号是否等于4
            print("不接收寄件! ")                #如果地区编号等于4则显示相应信息
        else:
            print("地区编号输入错误!")           #如果地区编号输入错误则显示提示信息
    else:
        print("重量数据输入错误!")               #如果重量数据输入错误则显示提示信息
```

任务总结

在程序开发过程中，可以使用 if 进行条件判断，如果希望在条件成立的执行语句中再增加判断条件，就可以使用 if 语句嵌套。if 语句嵌套的应用场景为：在之前条件满足的情况下，再增加额外的判断条件。if 语句嵌套的语法格式需要特别注意缩进。

任务检测

1. 填空题

(1) 运行以下程序，输出结果是____________。

```
g=83
if g>=60:
    print("及格")
elif g>=75:
    print('良好')
elif g>=85:
    print('优秀')
```

A. 及格　　B. 良好　　C. 优秀　　D. 无结果

(2) 运行以下程序，输出结果是____________。

```
a=8
b=3
z=0
if z>=0:
    if a<b:
        print('1111')
elif a%2==0:
    print('2222')
```

A. 1111　　B. 2222　　C. 无输出　　D. 程序出错

（3）以下选项中描述正确的是________________。

A. 条件表达式 3<=4<5 是合法的，且输出为 False

B. 条件表达式 3<=10<5 是合法的，且输出为 False

C. 条件表达式 3<=10<5 是不合法的

D. 条件表达式 3<=10<5 是合法的，且输出为 True

（4）运行以下程序，输出结果是________________。

```
a=3
print(a==3.0,a is 3.0)
```

A. True True　B. True False　C. False True　D. False False

（5）运行以下程序，输出结果是________________。

```
x=0
if x=3:
    print(x)
```

A. 0　　B. 3　　C. 不确定的值　　D. 提示语法错误

2. 填空题

（1）表达式‘ab’in ‘acbed’的值为________________。表达式‘ac’ in ‘acbed’的值为________________。

（2）已知 A=3.5、B=5.0、C=2.5、D=True，则表达式 A>0 AND A+C>B+3 or not D 的值为________________。

（3）表达式 x<y>z 的含义是____。

（4）Python 中的选择结构语句是________________语句。

（5）运行以下程序，输出结果是________________。

```
x=3
y=3
x is y
```

任务拓展

（1）市区“一日游”的收费标准为：5 人以内（含 5 人）按散客标准，每人 160 元；超过 5 人，按团体标准，每人 140 元。编写程序，要求输入人数，并经过计算输出旅游总费用。

（2）行进中的汽车原来的速度为 V（单位：米/秒），现在开始减速，假设每秒减速 D 米（如 D=0.5），计算减速开始后的 T 秒内行驶了多少米。编写程序，要求分别输入 V、D、T 的值，并经过计算输出行驶距离。注意，车速不能为负值。

项目 9 Python 循环语句

任务 17 遍历 100 以内的素数——for 循环语句

任务描述

素数又叫质数，表示一个大于 1 的自然数，除 1 和它本身外，不能被其他自然数整除。素数在自然界和我们的生活中无处不在：我们可以用素数来计算蝉的生命周期；钟表匠用素数来计算滴答声；航空发动机工程师在设计航空发动机时用素数来平衡空气脉冲的频率。素数是现代计算安全的核心，这意味着素数直接负责几乎所有事情的安全。同样，加密是由素数驱动的。欧基米德用反证法证明了素数有无穷多个。小白同学想用 Python 的 for 循环语句快速遍历 100 以内的所有素数，我们一起来学习吧。

任务分析

利用 for 循环语句遍历 1 ~ 100 的素数，素数只能被 1 和自身整除，所以判断一个自然数是否为素数，就要看这个自然数除以所有比它小的自然数时，除 1 和自身外，如果还能被其他的自然数整除，那么这个自然数就不是素数。遍历 100 以内的素数程序设计流程图如图 3-9 所示。

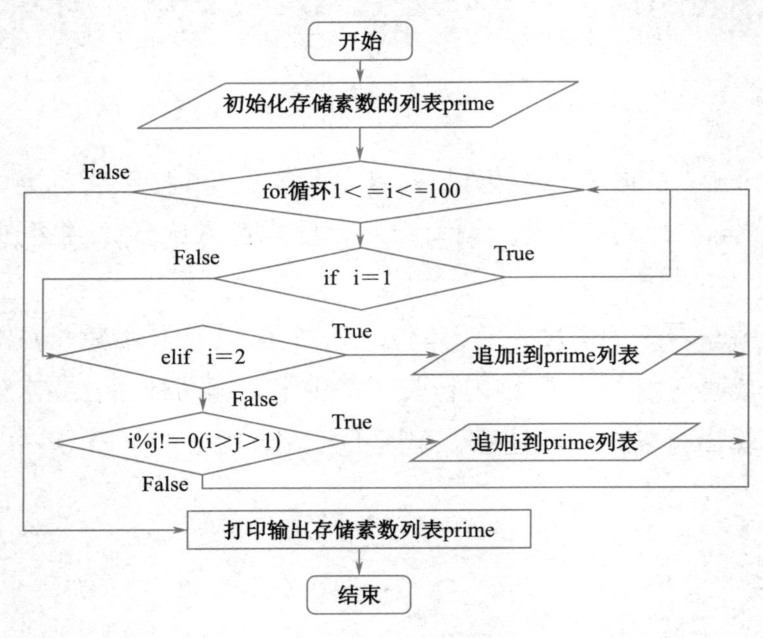

图 3-9 遍历 100 以内的素数程序设计流程图

知识准备

3.4 for 循环结构

利用 Python 的 for 循环结构语句（以下简称“for 循环语句”）可以遍历循环，从而可以遍历序列结构中的各元素的值。

语法格式如下：

```
for 循环变量 in 遍历结构:
    语句块1
      [break]
[else:
    语句块2]
```

遍历结构是指遍历对象，通常包括元组、列表、字典等。

for 循环结构的执行过程是从遍历结构中逐一提取元素放入循环变量，循环次数就是元素的个数，每次循环中的循环变量就是当前提取的元素值。

可选择的 else 部分的执行方式和 while 循环语句类似，若全部元素遍历后结束循环，则执行 else 后的语句块 2；若执行了 break 语句而结束循环，则不会执行 else 后的语句块 2。含 else 的 for 循环结构流程图如图 3-10 所示。

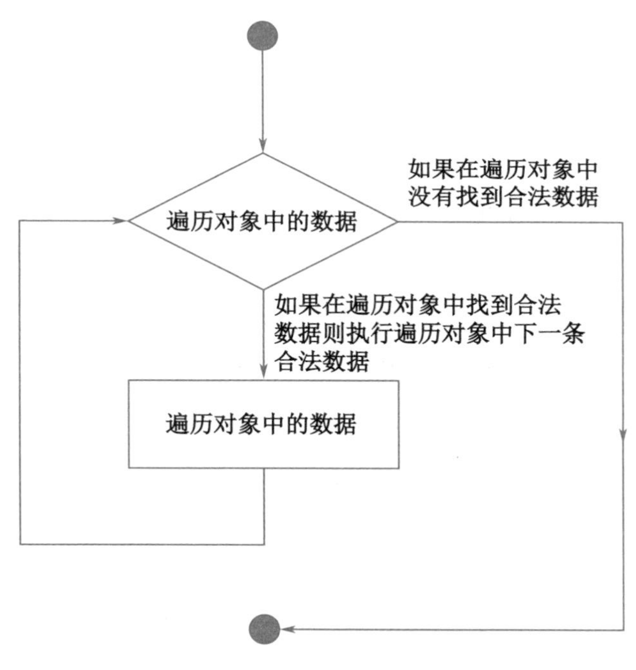

图 3-10　含 else 的 for 循环结构流程图

【实例 3-4】使用基本的 for 循环语句，遍历并输出字符串中的每一个字符，然后遍历并输出列表中的每一个元素。

实例文件 for.py 的具体实现代码如下所示。

```
for i  in 'Python':                        #遍历字符串中的每一个字符
    print('当前字母:',i)                    #输出字符串中的每一个字符
```

```
    week=['星期一','星期二','星期三','星期四','星期五','星期六','星期日'] #定义一个列表
    for day in week:
        print('当前是:',day)                  #遍历并输出列表中的每一个元素
    print('Good bye!')
```

实例 3-4 的运行结果如图 3-11 所示。

```
当前字母：P
当前字母：y
当前字母：t
当前字母：h
当前字母：o
当前字母：n
当前是：星期一
当前是：星期二
当前是：星期三
当前是：星期四
当前是：星期五
当前是：星期六
当前是：星期日
Good bye!
```

图 3-11　实例 3-4 的运行结果

3.5　循环的嵌套

循环是允许嵌套使用的，即在循环结构中可以再次出现循环语句。

在 for 循环结构中嵌套 for 循环结构的格式如下:

```
    for 循环变量1 in 遍历结构1:
        for循环变量2 in 遍历结构2
        语句块2
    语句块1
```

【实例 3-5】利用 for 循环嵌套实现九九乘法表的输出。

```
    for x in range(1,10):          #输出9行
        for y in range(1,x+1):  #输出与行数相同的列
            print('%d*%d=%d'%(x,y,x*y),end='\t')
        print('')                   #换行
```

实例 3-5 的运行结果如图 3-12 所示。

```
1*1=1
2*1=2	2*2=4
3*1=3	3*2=6	3*3=9
4*1=4	4*2=8	4*3=12	4*4=16
5*1=5	5*2=10	5*3=15	5*4=20	5*5=25
6*1=6	6*2=12	6*3=18	6*4=24	6*5=30	6*6=36
7*1=7	7*2=14	7*3=21	7*4=28	7*5=35	7*6=42	7*7=49
8*1=8	8*2=16	8*3=24	8*4=32	8*5=40	8*6=48	8*7=56	8*8=64
9*1=9	9*2=18	9*3=27	9*4=36	9*5=45	9*6=54	9*7=63	9*8=72	9*9=81
```

图 3-12　实例 3-5 的运行结果

3.6 常用的数值循环

在使用 for 循环结构时，最基本的应用就是进行数值循环。例如，实现从 1 到 100 的累加，可以通过下面的代码实现：

```
print('计算1+2+3+...+100')
result=0                              #保存累加结果的变量
for i in range(1,101):
    result+=i                         #实现累加功能
print(result)                         #在循环结束时输出累加结果
```

在上面的代码中，使用了 range( )函数，该函数是 Python 的内置函数，用于生成一系列的整数，多用于 for 循环语句中，其语法格式如下：

```
range(start,end,step)
```

参数说明：

start：用于指定计数的起始值，该参数可以省略，如果省略则计数从 0 开始。

end：用于指定计数的结束值，但不包括该值 [如 range(7)，则得到的值为 0～6，不包括 7]，该参数不能省略。当 range( )函数中只有一个参数时，即表示指定计数的结束值。

step：用于指定步长，即两个数之间的间隔，该参数可以省略，如果省略则步长为 1。例如，range(1,7)将得到 1、2、3、4、5、6。

注意：

在使用 range( )函数时，如果只有一个参数，那么表示指定的参数是 end；如果有两个参数，则表示指定的参数是 start 和 end；只有三个参数都存在时，最后一个参数才表示 step。

例如，使用下面的 for 循环语句，输出 10 以内的所有奇数。

```
for i in range(1,10,2):
    print(i,end='\t')
```

得到的结果如下：

```
1    3    5    7    9
```

任务实施

根据开发流程图，本任务的代码如下：

```
prime =[];                            #建立存放素数的空列表
for i in range(2,101):                #从2至100进行遍历
    for j in range(2,i):              #从2至外层循环变量i-1进行遍历
        if(i%j==0):
            break                     #如果满足模是0就排除素数且跳出当前循环
    else:
        prime.append(i)               #添加素数到列表中
print(prime)
```

输出结果如下：

```
[2,3,5,7,11,13,17,19,23,29,31,37,41,43,47,53,59,61,67,71,73,79,83,89
,97]
```

代码改进：

```
prime=[]
for i in range(1,101):
    if i==1:                                                    #1非素数,排除
        continue
    elif i==2:                                                  #2是素数,添加到列表
        prime.append(i)
    else:
        if  0 not in [i%j for j in range(2,i)]:                 #从3到100遍历素数
            prime.append(i)
print(prime)
```

输出结果如下:

```
[2,3,5,7,11,13,17,19,23,29,31,37,41,43,47,53,59,61,67,71,73,79,83,89,97]
```

任务总结

for 循环结构常用于遍历字符串、列表、元组、字典、集合等序列类型，以逐个获取序列中的各个元素。在程序设计中应用 for 循环时，要明确循环的次数，常使用 range( )函数来生成一系列的连续整数。在一个复杂的程序中，一个循环包含另外一个循环就形成了循环嵌套，此时，“嵌套循环执行的总次数 = 外循环执行次数 × 内循环执行次数”。

任务检测

1. 选择题

(1) 以下程序中，一共输出__________行。

```
for x in 'PY':
    print('循环执行中:'+x)
else:
    print('循环正常结束')
```

A. 2　　　　B. 3

C. 1　　　　D. 0

(2) 以下程序的输出结果是__________。

```
for  i  in range(5):
    i+=2
    print(i,end=' ')
```

A. 2　　　　B. 3 4 5 6 7

C. 2 3 4 5 6　　　　D. 2 3 4 5 6 7

(3) 以下程序的输出结果是__________。

```
for  i  in range(10):
    if i%3!=0:
        continue
    print(i,end=' ')
```

A. 3 6 9　　　　B. 0 3 6 9

C. 1 2 3 4 5 6 7 8　　　　D. 无输出

2. 填空题

（1）以下程序的输出结果是____________。

```
sum=0
for i in range(1,10,2):
    sum+=i
print(sum)
```

（2）在以下程序的空缺处填写合适内容，使之实现如下功能：求一个分数序列 2/1、3/2、5/3、8/5、13/8、21/13……的前 20 项之和。

```
a=__________
b=1
s=0
for n in range(1,21):
    s+=a/b
    a,b= __________
print(s)
```

（3）运行以下程序，并输入“I was born in 1990.”，程序的输出结果是____________。

```
st1=input("please input:")
a=b=c=0
for ch in st1:
    if '0' <=ch<='9':
        a=a+1
    elif 'a'<=ch<='z':
        b=b+1
    elif ch==' ':
        c=c+1
else:
    print(a,b,c)
```

（4）以下程序的输出结果是____________。

```
for i in range(1,6):
    if i%3==0:
        break
else:
print(i)
```

任务拓展

（1）编写程序，要求输出所有大写英文字母及它们的 ASCII 码，且 ASCII 码的值分别用八进制、十六进制、十进制形式输出。

（2）编写程序，要求输入 *n* 个整数，输出其中最大的整数，并指出其是第几个数。（在程序中使用 for 循环语句）

任务18 计算鸡兔同笼——while 循环语句

任务描述

大约一千五百年前，我国古代数学名著《孙子算经》中记载了鸡兔同笼问题：“今有雉兔同笼，上有三十五头，下有九十四足，问雉兔各有几何?”，一千多年过去了，我们已经学会使用计算机来帮我们完成一部分数学计算，那么如何利用 Python 来解决鸡兔同笼问题呢?

任务分析

题目翻译：

笼子里有若干只鸡和兔，从上面数有 35 个头，从下面数有 94 只脚，问鸡和兔各有几只？

思路分析：

我们用现在已有的数学知识解决鸡兔同笼问题很简单，利用二元一次方程就可以解决。

解：设鸡共有 x 只，兔共有 y 只，根据题意

$$x+y=35$$

$$4x+2y=94$$

计算机的运算能力是很强大的，使用枚举方法，只要符合上述条件就可以分别计算出鸡、兔的数量。

（1）定义接收输入头、脚总数的变量分别为 head、food，并设定两个变量 a = 0、b= 0（鸡的数量等于 a，兔的数量等于 b）。

（2）用 while 语句判断隐藏条件 a <= head and b <= head。

（3）当 while 条件满足时，用 if 语句判断二元一次方程所述两个条件，通过遍历就可以得出鸡、兔的数量。

知识准备

在 Python 中，除 for 循环结构外，while 循环结构也是一个十分重要的循环结构，其特点和 for 循环结构十分相似。下面将详细说明 while 循环结构的基本知识。

3.7 while 循环结构

1. 基本 while 语句

在 Python 中，while 循环结构语句（以下简称“while 循环语句”）用于循环执行某段程序，以处理需要重复处理的相同任务。在 Python 中，虽然绝大多数的循环结构都是用 for 循环语句来完成的，但是 while 循环语句也可以完成 for 循环语句的功能，只不过 for 循环语句更简单明了。

在 Python 中，while 循环语句主要用于构建比较特殊的循环。while 循环语句最大的特点就是，当不知道语句块或语句需要重复多少次时，使用 while 循环语句是最好的选择。当 while 循环语句中表达式的值为 True 时，while 循环语句重复执行语句块。while 循环语句的语法基本格式如下所示:

```
while 表达式:
    语句块
```

while 循环语句的执行过程：计算表达式的值，若表达式的值为 True，则执行循环体中的语句块，然后返回表达式处，重新计算表达式值后决定是否重复执行循环体；若表达式的值为 False，则循环结束，执行 while 循环语句之后的后续语句。while 循环语句的流程如图 3-13 所示。

下面的实例演示了使用 while 循环语句的过程。

【实例 3-6】循环输出整数 0 至 9，代码如下:

```
i=0                                   #设置i的初始值为0
while i<=9:                           #如果i小于或等于9则执行循环体中的语句
    print("当前i值是:",i)
    i+=1                              #i值递增1
print("Good bye!")
```

实例 3-6 的运行结果如图 3-14 所示。

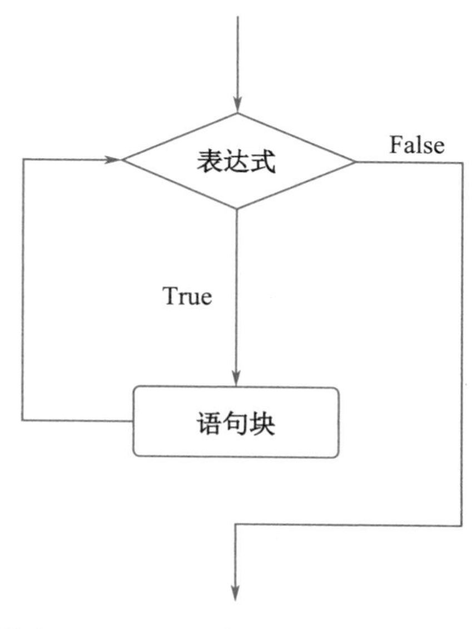

图 3-13　while 循环语句的流程图

```
当前i值是: 0
当前i值是: 1
当前i值是: 2
当前i值是: 3
当前i值是: 4
当前i值是: 5
当前i值是: 6
当前i值是: 7
当前i值是: 8
当前i值是: 9
Good bye!
```

图 3-14　实例 3-6 的运行结果

2. 扩展 while 循环语句

在 Python 中也可以使用 while…else（扩展 while）循环语句，具体语法格式如下：

```
while 表达式:
        语句块1
else:
        语句块2
```

当 while 循环语句中的表达式的值为 True 时，执行语句块 1，当 while 循环语句中的表达式的值为 False 而使循环结束时，则继续执行 else 后的语句块 2，但若在语句块 1 中执行了 break 语句而结束循环时，则不会执行 else 后的语句块 2。continue 语句也可以用于 while 循环语句中，其作用是跳过 continue 后面的语句，提前进入下一个循环。

下面的实例演示了使用 while…else 循环语句的过程。

【实例 3-7】使用 while…else 循环语句完成数据判断。

```
num=0
while num<5:
    print(num,'小于5')
    num+=1
else:
    print(num,'大于或等于5')
print('结束循环!!!')
```

实例 3-7 的运行结果如图 3-15 所示。

```
0 小于5
1 小于5
2 小于5
3 小于5
4 小于5
5 大于或等于5
结束循环!!!
```

图 3-15　实例 3-7 的运行结果

任务实施

本任务代码如下：

```
head=int(input("请输入鸡兔的总头数:"))
foot=int(input("请输入鸡兔的总脚数:"))
a = 0
b = 0
while a <= head  and  b <= head:
    if a + b == head:
        print("遍历中：有鸡%d只,有兔%d"%(a,b))
        if 2*a + 4 * b == foot:
            print("End".center(30,'*'))
            print("遍历成功：有鸡%d只,有兔%d只"%(a,b))
            break
    a += 1
    b = head - a
```

```
    else:
        print("数据不成立")
```

程序运行结果如图 3-16 所示。

```
请输入鸡兔的总头数:35
请输入鸡兔的总脚数:94
遍历中：有鸡1只,有兔34只
遍历中：有鸡2只,有兔33只
遍历中：有鸡3只,有兔32只
遍历中：有鸡4只,有兔31只
遍历中：有鸡5只,有兔30只
遍历中：有鸡6只,有兔29只
遍历中：有鸡7只,有兔28只
遍历中：有鸡8只,有兔27只
遍历中：有鸡9只,有兔26只
遍历中：有鸡10只,有兔25只
遍历中：有鸡11只,有兔24只
遍历中：有鸡12只,有兔23只
遍历中：有鸡13只,有兔22只
遍历中：有鸡14只,有兔21只
遍历中：有鸡15只,有兔20只
遍历中：有鸡16只,有兔19只
遍历中：有鸡17只,有兔18只
遍历中：有鸡18只,有兔17只
遍历中：有鸡19只,有兔16只
遍历中：有鸡20只,有兔15只
遍历中：有鸡21只,有兔14只
遍历中：有鸡22只,有兔13只
遍历中：有鸡23只,有兔12只
*************End**************
遍历成功：有鸡23只,有兔12只
```

图 3-16　程序执行结果

任务总结

while 循环语句执行的具体流程为：首先判断表达式（循环条件）的值，其值为真（True）时，则执行循环体中的语句块，当执行完毕后，再回过头来重新判断表达式的值是否为真，若仍为真，则继续重新执行循环体中的语句块……如此循环，直到表达式的值为假（False）才终止循环。在使用 while 循环语句时，一定要保证表达式有变为假的时候，否则这个循环将成为一个死循环。所谓死循环，指的是无法结束循环的循环结构。

任务检测

1. 选择题

（1）运行以下程序时，对 while 循环语句的循环次数的描述正确的是________。

```
i=0
x=0
while i<=9 and x!=374:
    x=int(input('请输入数字：'))
    i=i+2
```

A. 最多执行 10 次　　　　B. 最多执行 5 次

C. 一次也不执行　　　　D. 无限次循环

（2）执行以下程序后的输出结果是＿＿＿＿＿＿。

```
x=10
while x>0:
    if x==8:
        break
    if x%3!=1:
        continue
    x-=2
else:
    print('x=',x)
```

A. x=8　　　B. x=0　　　C. 死循环　　　D. 无输出内容

（3）执行以下程序后，依次输入以下数据 4、−1、87.3、34.2、−13、2、99、9，最后的输出结果是＿＿＿＿＿＿。

```
n=100
min=0
while n>0:
    n=eval(input('input number:'))
    if min>n:
        min=n
print(min)
```

A. 100　　　B. 0　　　C. −1　　　D. −13

（4）以下语句中，＿＿＿＿＿不用在循环语句中。

A. else　　　B. continue　　　C. except　　　D. for

2. 填空题

（1）Python 中结束 while 循环的两种方法是＿＿＿＿＿＿和＿＿＿＿＿＿。

（2）＿＿＿＿＿＿语句用于提前结束本次循环。

（3）Python 中嵌套的控制结构严格按照代码块的＿＿＿＿＿＿来控制。

（4）运行以下代码，输出结果是＿＿＿＿＿＿。

```
a,b=2,3
i=1
while i<5:
    print(b,end='')
    a,b=b,a+b
    i+=1
```

3. 编程题

（1）编写程序，输入 n 个整数，输出其中最大的整数，并指出其是第几个数。（在程序中使用 while 循环语句）

（2）编写一个程序，不断生成不超过三位的随机整数，若生成的是水仙花数，则结束程序并输出该水仙花数。（水仙花数是指一种三位数，其各位数的立方之和等于该数。）

任务拓展

（1）如果一个数的各因子（不包括本身）之和正好等于该数本身，则该数称为完数。例如，6 的因子为 1、2、3，其和为 6，则 6 为完数。编写程序，找到 2～100 中的所有完数。

（2）有一分数数列 2/1、3/2、5/3、8/5、13/8……求出这个数列的前 20 项之和。（在程序中使用 while 循环语句）

任务19 寻找回文整数——循环跳转语句 break 的应用

任务描述

回文整数是指正读和反读相同的整数，如 123321，这个数字正读是 123321，倒读也是 123321。编写一个程序，不断生成 6 位的随机整数（不包括以 0 开头的 6 位整数），若生成的是回文整数，则结束程序并输出该回文整数。

任务分析

寻找回文整数程序流程图如图 3-17 所示。

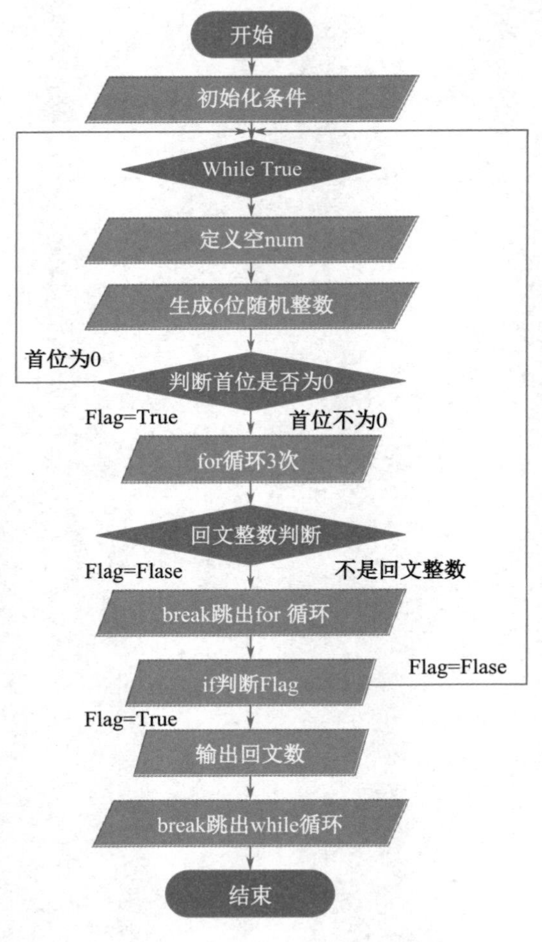

图 3-17　寻找回文整数程序流程图

知识准备

3.8 break 语句

使用 break 语句可以跳出包含 break 语句的那层循环，以提前结束该层循环。跳出循环后，程序继续执行当前循环语句的后续语句。

1. 在 for 循环语句中使用 break 语句

语法格式如下:

```
for 循环变量 in遍历结构:
        语句块1
        if 条件表达式:
            break
```

【实例 3-8】在 for 循环语句中使用 break 语句。

```
for letter in 'Python':#遍历字符串Python
    if letter=='h':     #判断letter是否为字符h
        break           #如果满足if 条件将执行break语句，并跳出for循环语句
    print('current letter:',letter)
print('循环已经结束！！')
```

实例 3-8 的运行结果如图 3-18 所示。

注意:

如果在 Python 程序中使用了嵌套循环，break 语句将停止执行最深层的循环，并开始执行下一层代码。

2. 在 while 循环语句中使用 break 语句

语法格式如下:

```
while 表达式1:
        语句块1
        if  表达式2:
            语句块2
            break
```

【实例 3-9】在 while 循环语句中使用 break 语句。

```
str='Python'
i=0
while i<len(str):
    letter=str[i]
    if letter=='h':
        break
    i+=1
    print('current letter:',letter)
print('循环已经结束！！')
```

实例 3-9 的运行结果如图 3-19 所示。

```
current letter: P
current letter: y
current letter: t
循环已经结束！！
```

图 3-18　实例 3-8 的运行结果

```
current letter: P
current letter: y
current letter: t
循环已经结束！！
```

图 3-19　实例 3-9 的运行结果

3.9　random 模块

random 模块是 Python 的内置模块，该模块可以生成随机数。使用 random 模块前一定要导入该模块，导入模块的代码如下：

```
import  random
```

下面介绍该模块的常用功能。

（1）randrange( )方法用于获取指定范围内的随机整数。语法格式如下：

```
random.randrange(start,stop[,step])
```

参数说明：

start：随机范围的起始值。指定该参数后，stop 参数将作为随机范围的结束值。

stop：在没有设定 start 参数时表示 0 至 stop 之间的任意一个随机整数，其中不包含 stop 指定的值。

step：表示步长。

返回值：返回指定范围的随机整数。

【实例 3-10】使用 randrange( )方法获取指定范围内的随机整数，代码如下：

```
import  random                       #导入随机数模块
print(random.randrange(7))           #打印0至7之间的随机数,其中不包括7
print(random.randrange(1,7,2))       #打印1至7之间的随机数,其中不包含7,步长为2
```

程序运行结果如下：

```
6
3
```

说明：random.randrange(1,7,2) 因为步长为 2 所以打印结果的范围是[1,3,5]。

（2）choice( )方法用于从非空序列中返回一个随机元素。语法格式如下：

```
random.choice(seq)
```

参数说明：

seq：需要随机获取元素的序列。

返回值：从非空序列中返回一个随机元素。

【实例 3-11】在序列中随机获取元素。

使用 choice( )方法在指定的序列中随机获取元素，代码如下：

```
import random                                    #导入随机数模块
str=['中国','美国','德国','意大利']              #字符列表
print('列表随机元素为:',random.choice(str))
```

程序运行结果如下：

```
列表随机元素为：德国
```

3.10 ord( )函数

ord( )函数用于把一个用字符串表示的 Unicode 字符转换为该字符对应的整数，如 ord(‘a’)返回整数 97。

语法格式如下:

```
ord(c)
```

参数说明:

c: 要转换的字符。

返回值: 返回 Unicode 字符对应的整数。

【实例 3-12】将字符转换为对应的整数。

使用 ord( )函数将字符转换为对应的整数，代码如下:

```
print(ord('A'))                    #输出: 65
print(ord('8'))                    #输出: 56
print(ord('a'))                    #输出: 97
print(ord('*'))                    #输出: 42
```

3.11 chr( )函数

chr( )函数返回整型参数值所对应的 Unicode 字符，如 chr(65)返回 “A”、chr(100)返回 “d”，与 ord( )函数的功能相反。

语法格式如下:

```
chr(i)
```

参数说明:

i: 可以是十进制或十六进制形式的数字，传入的参数值范围必须为 0～1114111（十六进制时为 0～0x10ffff）。

返回值: 返回当前参数值所对应的 Unicode 字符。

提示: 如果参数 i 的值超出取值范围(0<=i<=1114111)，则会抛出 ValueError 错误。

【实例 3-13】使用 chr( )函数获取十进制数字和十六进制数字对应的 Unicode 字符。

使用 chr( )函数获取十进制数字和十六进制数字对应的 Unicode 字符，代码如下:

```
>>> print(chr(65),chr(97))   #获取十进制数字对应的Unicode字符,输出:A a
```

程序运行结果如下:

```
A a
>>> print(chr(0x41),chr(0x61))   #获取十六进制数字对应的Unicode字符,输出:A a
```

程序运行结果如下:

```
A a
```

任务实施

本任务代码如下:

```
import random                                    #导入random模块
```

```
    flags=True                                  #设定while循环初始条件为True
    y=0                                         #设定随机生成数字计数初始值
    while flags:                                #while循环条件为True时，则进入循环
状态
        num = ""                                #定义字符串num变量为空
        for i in range(6):                      #for循环语句循环6次
            ch = chr(random.randrange(ord('0'), ord('9') + 1))    #随机生成
0～9的字符
            num += ch                               #将随机字符添加到字符变量num
        if num[0]!='0':                             #判断6位字符型数字首位是否为0
            flag=True
            y += 1                                  #定义y的累加器
            for i in range(len(num) // 2):          #对字符变量num长度除2取整
                if num[i] != num[-i - 1]:           #对字符型数值进行两端是否相等的
判断
                    flag=False
                    break                           #退出循环
            if flag:
                print("随机生成第%d个数字%d 是一个回文数!" % (y,int(num)))  #输
出相关信息
                break                               #找到回文整数后退出循环
            else:
                pass
    print("程序结束！")
```

任务总结

break 语句可以立即终止当前循环的执行，跳出当前所在的循环结构。无论是 while 循环语句还是 for 循环语句，只要执行 break 语句，就会直接结束当前正在执行的循环体。如果使用 break 语句跳出循环体，则不会执行 else 子句中包含的代码。对于嵌套的循环结构来讲，break 语句只会终止所在循环体的执行，而不会作用于其他循环体。

任务检测

（1）以下程序中，____________会一直不停地循环下去。

A. for a in range(10):
        pass

B. while 2<10:
        pass

C. while True:
        break

D. a=[3,-1, ', ']
        for i in a[:]:
        if not a:
            break

（2）以下程序的输出结果是____________。

```
    for i  in range(1,6):
        if  i%3==0:
            break
        else:
            print(i)
```

A. 0　　　　B. 2

C. 3　　　　D. 无输出

(3) 关于循环结构，以下选项中描述错误的是＿＿＿＿＿＿。

A. 当存在多层循环时，break 语句只能作用于语句所在层的循环

B. 遇到 continue 语句后，循环结构的 else 子句后的内容就不会被执行

C. while 循环语句的循环体，有可能一次也不执行

D. 遇到 break 语句后，循环结构的 else 子句后的内容就不会被执行

(4) 以下程序的输出结果是＿＿＿＿＿＿。

```
i=1
while(i%3):
    print(i,end='')
    if(i>=10):
    break
        i+=1
```

A. 1 2 4 5 7 8　　　　B. 3 6 9

C. 1 2 3 4 5 6 7 8 9　　　　D. 1 2

任务拓展

(1) 编写程序，实现"石头剪刀布"游戏，输入 q 退出游戏。(在程序中使用 break 语句)

(2) 编写程序，输入员工的薪资，若薪资小于 0 则重新输入，最后打印已录入员工的数量、薪资明细及平均薪资。(在程序中使用 break 语句)

任务 20 成语游戏——循环跳转语句 continue 的应用

任务描述

编写一个成语游戏，随机输出列表中的成语，同时选择成语中的随机位置输出为空格，要求用户根据随机出现的 A、B、C、D 选项填写答案并回车，程序可以判断用户填写的答案是否正确，正确加 2 分，并输出"正确，你真棒~"；错误减 2 分，并输出"错了，正确答案:"；什么也不填则忽略本成语，输出为"过"；输入非 A、B、C、D 选项时，则提示输入错误。本游戏时长 90 秒，游戏完成后输出成绩，选手初始分值为 20 分。

任务分析

分析任务后，程序设计流程图如图 3-20 所示。

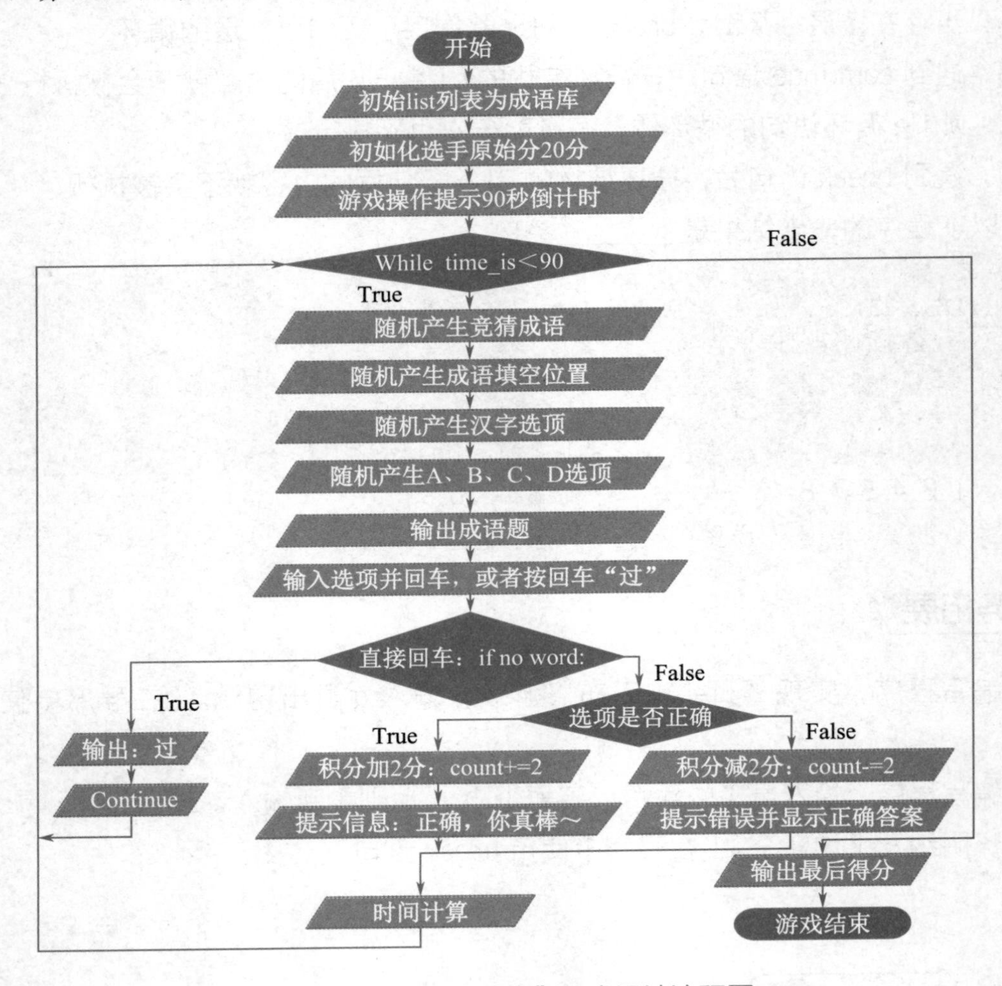

图 3-20　“成语游戏”程序设计流程图

知识准备

3.12　continue 语句

continue 语句用于结束本次循环，且不再执行本语句后循环体语句块中的其他语句，并跳回循环结构首行，重新判断循环条件，根据重新判断的结果决定是否继续循环。

【实例 3-14】输出指定字符串中的英文字母。

```
for letter in 'Python':
    if letter=='h':
        continue
    print('current letter:',letter)
print('循环已经结束！！')
```

程序运行后的结果如图 3-21 所示。

```
current letter: P
current letter: y
current letter: t
current letter: o
current letter: n
循环已经结束！！
```

图 3-21　实例 3-14 的运行结果

3.13　pass 语句

在 Python 中，pass 是一条空语句，是为了保持程序结构的完整性而推出的语句。在程序中，pass 语句不做任何事情，一般只用作占位语句。

【实例 3-15】输出指定字符串中的英文字母。

实例文件 kong.py 的具体实现代码如下所示：

```
for letter in 'Python':          #遍历字符串Python
    if letter=='h':
        pass                     #如果遍历到字母h,则使用pass输出一个空语句
        print("这是pass语句,是空语句程序什么也没有做!")
    print('current letter:',letter)    #输出Python的每一个字母
print('程序运行完毕！！')
```

程序运行后的结果如图 3-22 所示。

```
current letter: P
current letter: y
current letter: t
这是pass语句,是空语句程序什么也没有做!
current letter: h
current letter: o
current letter: n
程序运行完毕！！
```

图 3-22　实例 3-15 的运行结果

3.14　break 和 continue 语句的对比

continue 语句用于结束本次循环，但不终止整个循环的执行；break 语句使循环提前终止。

3.15　datetime 模块

datetime 模块中提供了多种操作日期和时间的类，还提供了一系列由简单到复杂的日期和时间的处理方法，可以各种不同方式创建和输出日期和时间信息。

1. now( )方法

now( )方法用于返回指定时区的本地日期和时间。

语法格式如下：

```
datetime.now(tz=None)
```

参数说明:

tz: 可选参数。如果提供了参数 tz，则获取 tz 所指定时区的本地时间; 如果不指定参数 tz 或参数 tz 为 None，则结果和 datetime.today( )结果（当前本地日期和时间）相同。

返回值: 返回一个表示当前本地日期和时间的 datetime 对象。

【实例 3-16】分别用 today( )方法和 now( )方法获取当前本地日期和时间，代码实现如下:

```
import datetime                              #导入datetime模块
print(datetime.datetime.now( ))              #通过totay方法获取当前日期和时间
print(datetime.datetime.today( ))            #通过now方法获取当前日期和时间
```

实例 3-16 的运行结果如下:

```
2021-04-06 00:55:48.959035
2021-04-06 00:55:48.959035
```

2. timedelta 类

timedelta 类表示时间差，即两个日期或时间之间的差值。timedelta 类可以很方便地对 datetime.date、datetime.datetime 的对象进行算术运算，且两个时间之间的差值单位也更加容易控制。这个差值的单位可以是天、秒、微秒、毫秒、分钟、小时、周。datetime.timedelta 类的定义如下:

```
datetime.timedelta(days=0,seconds=0,microseconds=0,milliseconds=0,minutes=0,hours=0,weeks=0)
```

参数说明:

days: 天，取值范围为[-999999999,999999999]。

seconds: 秒，取值范围为[0,86399]。

microseconds: 微秒，取值范围为[0,999999]。

所有参数都是可选参数，默认值为 0，参数的值可以是整数或浮点数，也可以是正数或负数。

【实例 3-17】使用 timedelta 类对象的 days、seconds、microseconds 属性获取 timedelta 类对象的天、秒与微秒的值。代码如下:

```
import datetime
td=datetime.timedelta(365,1000,345645)
print(td.days)
print(td.seconds)
print(td.microseconds)
```

实例 3-17 的运行结果如下:

```
365
1000
345645
```

【实例 3-18】计算不同的时间。代码如下:

```
import datetime
print('现在时间:',datetime.datetime.now( ))                    #输出现在时间
```

```
    print('2天后:',datetime.datetime.now( )+datetime.timedelta(2))
    #输出2天后的时间
    print('1天前:',datetime.datetime.now( )+datetime.timedelta(-1))
    #输出1天前的时间
    print('1小时后:',datetime.datetime.now( )+datetime.timedelta(hours=
1))
    #输出1小时后的时间
    print('90秒后:',datetime.datetime.now( )+datetime.timedelta(seconds=
90))
    #输出90秒后的时间
```

实例 3-18 运行结果如下:

```
    现在时间: 2021-04-06 01:39:17.370071
    2天后: 2021-04-08 01:39:17.370071
    1天前: 2021-04-05 01:39:17.370071
    1小时后: 2021-04-06 02:39:17.370071
    90秒后: 2021-04-06 01:40:47.370071
```

3.16 输出彩色文字或背景

在 PyCharm 中输出彩色文字或背景，并在输出前设置显示方式。

语法格式如下:

```
    "\003[显示方式; 前景色; 背景色m]
```

【实例 3-19】输出两行文字。代码如下:

```
    print('\033[1;31m I love Python!!\033[0m')      #红色前景色
    print('\033[1;31;44m I love Python!!\033[0m')   #红色前景色及蓝色背景色
```

实例 3-19 的输出结果如图 3-23 所示。

```
I love Python!!
I love Python!!
```

图 3-23 实例 3-19 的输出结果

前景色、背景色及最终显示颜色如表 3-6 所示。显示方式及意义如表 3-7 所示。

表 3-6 前景色、背景色及最终显示颜色

前景色	背景色	最终显示颜色
30	40	黑色
31	41	红色
32	42	绿色
33	43	黄色
34	44	蓝色
35	45	洋红
36	46	青色
37	47	白色

表 3-7　显示方式及意义

显示方式	意　义
0	终端默认设置
1	高亮显示
22	非高亮显示
4	使用下画线
24	去除下画线
5	闪烁
25	去除闪烁
7	反白显示
27	非反显
8	不可见
28	可见

【实例 3-20】输出两行文字。代码如下:

```
#---1-高亮显示 32-前景色绿色  41-背景色红色---
print('\033[1;32;41m 我的地盘我做主!!\033[0m')
#---采用终端默认设置，即默认颜色---
print('\033[0m 我的地盘我做主!!\033[0m')
```

实例 3-20 的输出结果如图 3-24 所示。

我的地盘我做主!!

图 3-24　实例 3-20 的输出结果

任务实施

本任务代码如下:

```
import random
import datetime
print("========成语填填乐========\n")
list = ['一事无成', '山清水秀', '语重心长', '别有洞天', '水深火热', '鸟语花香', '自以为是','百花齐放', '一五一十', '十全十美', '坐井观天', '青山绿水', '天网恢恢', '诗情画意','一心一意', '先入为主', '和风细雨', '十指连心', '五花八门', '炎黄子孙', '成家立业']
score = 20                                          # 原始分数
print("直接填写答案，回车进入下一关，什么也不填则忽略本成语!!!")
remain = datetime.datetime.now( ) + datetime.timedelta(seconds=90)
# 限时90秒完成
while True:
    time_is = (remain - datetime.datetime.now( )).seconds
    if time_is > 90:                                # 答题时间超过90秒则游戏结束
        print("答题超过90秒答题时间，将退出答题! ")
        break
    print(f"剩余答题时间\033[1;31m{time_is}\033[0m秒")
    idiom = random.choice(list)                     # 随机获取列表中的一个成语
    index = random.randint(0, 3)                    # 随机产生索引
```

```
        new_str = idiom.replace(idiom[index], "__", 1) # 构建一个带空格的成语
        print(new_str)
        npos = new_str.index('__')                     #获取空格成语的位置
        opt_list = []                                  #自定义空列表
        for i in range(0, 3):                          #for循环3次
            val = random.randint(0x4e00, 0x9fa5) #随机生成汉字及基本汉字
                                                 #Unicode编码范围为
                                                 #0x4e00～0x9fa5
            opt_list.append(chr(val))                  #随机生成汉字并追加到列表中
        opt_list.append(idiom[npos])                   #将正确的答案追加到列表中
        opt = random.sample(opt_list, 4)               #随机生成四个汉字列表且不重复
        A = opt[0]                                     #ABCD四个选项
        B = opt[1]
        C = opt[2]
        D = opt[3]
        print(f"A:{A}\nB:{B}\nC:{C}\nD:{D}\n")#输出A、B、C、D选项，\n为换行符
        word = input("请输入正确答案前面的字母(如:B): ").strip( ) #接收用户输入
并删除前后空格
        if not word:                                   #判断条件是否为空
            print("过!")
            continue                                   #如果为空则跳出本次循环
        elif word.upper( ) not in ['A','B','C','D']:   #判断用户输入是否为
ABCD中的选项
            print('您输入错误！！')
            continue               #如果输入的不是A、B、C、D中的选项则跳过本次循环
    elif eval(word.upper( )) == idiom[npos]:     #利用eval获取输入的变量值进
行答案判断
            score += 2                                 #答对加2分
            print("正确，你真棒～")
            print(f"\033[1;31m选手当前得分：{score}\033[0m")
        else:
            score -= 2                                       #答错减2分
            print(f"错了，正确答案：{idiom[index]}")         #格式化输出正确答案
            print(f"\033[1;31m选手当前得分：{score}\033[0m")
    print(f"\033[1;31m选手最后得分：{score}\033[0m")         #格式化打印得分
```

运行程序，输出结果如图 3-25 所示。

```
=========成语填填乐=========

直接填写答案，回车进入下一关，什么也不填则忽略本成语！！！
剩余答题时间90秒
鸟语花__
A:绿
B:俐
C:香
D:蒿

请输入正确答案前面的字母(如:B): a
错了，正确答案：香
选手当前得分：18
剩余答题时间83秒
炎黄子__
A:颤
B:糊
C:茵
D:孙

请输入正确答案前面的字母(如:B): d
正确，你真棒～
选手当前得分：20
答题超过90秒答题时间，将退出答题！
选手最后得分：20
```

图 3-25　输出结果

任务总结

continue 语句可以终止执行本次循环中剩余的代码，并直接从下一次循环继续执行。continue 语句的用法和 break 语句一样，只要在 while 或 for 循环语句中的相应位置加入即可使用。

任务检测

（1）关于 Python 循环结构，以下描述中错误的是____________。

A. break 用来跳出最内层的 for 或 while 循环，脱离该循环后，程序将从循环代码后面继续执行

B. 每一个 continue 语句只有能力跳出当前层级的循环

C. 遍历循环中的遍历结构可以是字符串、文件、组合数据类型和 range( )函数等

D. Python 通过 for、while 等保留字提供遍历循环和无限循环结构

（2）以下关于 Python 中的 while 循环结构的描述中，正确的是____________。

A. 使用 while 必须预知循环次数

B. 所有 while 循环功能都可以用 for 循环结构替代

C. Python 禁止使用 while True，因为这样会使程序构成死循环结构而无法结束程序的运行

D. 循环次数确定的问题可以使用 while 解决

（3）Python 的遍历循环语句 for 不能遍历的数据类型是____________。

A. 浮点数　　B. 字典

C. 列表　　D. 字符

（4）以下代码的输出结果是____________。

```
for s in "Helloworld" :
    if s=="w":
        continue
    print(s ,end="")
```

A. Hello　　B. HelloWorld

C. Helloorld　　D. World

（5）以下代码的输出结果是____________。

```
for s in "Helloworld":
if s=="w":
break
print(s , end="")
```

A. HelloWorld　　B. Helloorld

C. world　　D. Hello

任务拓展

（1）编写程序，输出指定格式的日期。（在程序中使用 datetime 模块）

（2）编写程序，输入一行字符，分别统计其中的英文字母、空格、数字和其他字符的个数。

模块 4 函数与模块

模块概述

函数是 Python 的基本构成模块，通过对函数的调用能够实现特定的功能。这样做的本质是把实现某一功能的代码定义为一个函数，然后在需要使用时随时调用，既可方便使用，又极大地提高了程序开发的效率。在一个 Python 的项目中，几乎所有的基本功能都是通过一个个函数实现的。本模块将详细介绍 Python 中函数的基本知识，为后续的学习打下坚实的基础。

学习目标

了解函数的功能，掌握函数的定义与调用、函数的参数传递、变量的作用域、匿名函数。

了解模块的功能及构成，掌握模块的安装及导入方法。通过具体实例，掌握函数在 Python 中的具体应用方法以提高解决问题的能力。

知识框架

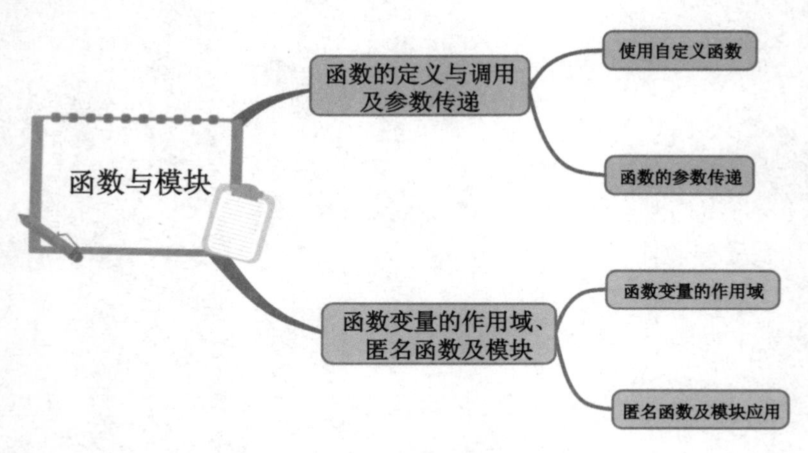

项目 11　函数的定义与调用及参数传递

任务21　寻找水仙花数——使用自定义函数

任务描述

找出所有的在 100 ~ 999 内的水仙花数。水仙花数是指一个三位数，其各位数字的立方之和等于该数本身。例如，$153=1^3+5^3+3^3$，故 153 是一个水仙花数。编写 Python 程序，找出在 100 ~ 999 内所有符合条件的水仙花数。

任务分析

编写一个函数，将参数 n 分离出个、十、百位上的数字 a、b、c，然后根据条件判断 n 是否为水仙花数，若是，则返回 True；否则返回 False。在 100 ~ 999 内，对所有整数进行测试，并输出符合条件的数。

知识准备

4.1　定义函数

在 Python 中，在使用函数之前必须首先定义（声明）函数，然后才能调用它。在使用函数时，只要按照函数定义的形式，向函数传递必需的参数，就可以调用函数以完成相应的功能，或者获得函数返回结果。

在 Python 中，使用关键字 def 定义一个函数，定义函数的语法格式如下：

```
def 函数名（[形式参数表]）：
        函数语句
        [return返回值]
```

参数说明：

def：Python 中任何函数的定义都必须以关键字 def 开始，其后空一格，再紧跟函数名。

函数名：在调用函数时使用。函数名的要求如下。

（1）不能与现有内置函数名发生冲突。例如，不能用 del 作为函数名，因为 del 已经存在。

（2）名称本身要准确表达函数的功能，建议用英文单词全称开头，英文单词之间可以用下画线。

形式参数表：可选参数，用于指定向函数中传递的参数。如果有多个参数，则各参数之间使用逗号“，”分隔；如果没有形式参数表，则表示该函数没有参数，在调用该函数时，也无须指定参数。

函数语句：实现函数功能的相关代码段。

[return 返回值]：return 语句后空一格再紧跟需要返回的值。函数可以有返回值，也可以没有返回值。如果函数没有返回值或没有 return 语句，则这样的函数就会返回 None 值。

【实例 4-1】 定义一个基本的函数 hello( )。具体代码如下：

```
def hello( ):                          #定义函数hello( )
    print('Hello World!!!!')           #该行属于hello( )函数的内容
```

4.2 调用函数

调用函数就是指使用函数，在 Python 中，当定义一个函数后，就相当于给予函数一个名称，指定了函数里包含的参数和代码块结构。完成这个函数的基本结构定义工作后，就可以通过调用的方式来执行这个函数，也就是使用这个函数。调用函数的语法格式如下：

```
函数名([实际参数表])
```

参数说明：

函数名：要调用的函数名称，必须是已经创建的函数的名称。

[实际参数表]：可选参数，用于指定各个参数的值。如果需要传递多个参数的值，则各参数值之间使用逗号“，”分隔；如果该函数没有参数，则无须输入。

【实例 4-2】 调用已创建的 hello( )函数，可以使用下面的代码：

```
hello( )          #调用函数hello( )
```

实例 4-2 运行结果如下：

```
Hello World!!!!
```

任务实施

根据任务分析，编写本任务的实现代码如下：

```
def isNarcissistic(num):                    #自定义函数isNarcissistic
    a=(num//100)%10                         #获取三位数的百位数
    b=(num//10)%10                          #获取三位数的十位数
    c=(num//1)%10                           #获取三位数的个位数
    if a*a*a+b*b*b+c*c*c==num:              #判断水仙花数
        return True                         #条件为真则返回 True
    else:
        return False                        #条件为假则返回False
n=''                                        #自定义空字符串n
for i in range(100,1000):                   #遍历100至999范围内的所有三位数
    if isNarcissistic(i):                   #调用自定义函数进行判断
        n+=str(i)+'\t'                      #追加到字符串变量n
```

```
    print(f'遍历100～999范围内的水仙花数是：{n}')    #输出符合条件的水仙花数
```

程序运行结果如下:

```
    遍历100～999范围内的水仙花数是：153  370 371 407
```

说明:

Python 获得一个三位数的个位、十位、百位的值的方法如下。

例如，a=123456。

百位数:

```
    a//100%10  #输出为4
```

十位数:

```
    a//10%10   #输出为5
```

个位数:

```
    a//1%10    #输出为6
```

任务总结

在 Python 中，函数的应用非常广泛。本书在前面已经多次接触过的函数，如 print( )、input( )函数等，都是 Python 的内置函数，可以直接使用。除可以直接使用的内置函数外，Python 还支持自定义函数，即将一段有规律的、可重复使用的代码定义为函数，从而达到“一次编写，多次调用”的目的。

任务检测

（1）假设 def power(x,n=2)，则下列调用方法不正确的是_______________。

A. power(8)　B. power(8,2)　C. power(8,4)　D. power

（2）以下关于函数的描述中，不正确的是_______________。

A. 函数可以减少代码的重复，使得程序更加模块化

B. 在不同函数中可以使用相同名字的变量

C. 主调用函数内的局部变量，在被调用函数内不赋值也可以直接读取

D. 函数体中即使没有 return 语句，也会返回一个 None 值

任务22 制作月历查询器——函数的参数传递

任务描述

已知 1970 年 1 月 1 日是星期四，要求根据用户输入的年份（>= 1970 年）和月份，输出当月的月历。

任务分析

采用模块化方法，将程序划分为两大模块：输入日期模块和输出完整月历模块。而输出完整月历模块可分解为输出月历头部、计算 1 日是星期几、计算当月有几天、输出月历主体这四个函数。

输出月历头部函数：月历头部含有当月的月份名称，本函数需根据月份得到相应月份的名称。

计算 1 日是星期几函数：本函数首先计算年天数，即截至这一年 1 月 1 日的天数，用 for 循环实现，从 1970 年开始计算，闰年 +366，平年 +365；计算月天数，即截至当月 1 日的天数，用 for 循环实现，从 1 月份开始计算；用年天数+月天数，求得当月 1 日距离 1970 年 1 月 1 日的总天数，用总天数来判断当月 1 日是星期几。

计算当月有几天函数：根据用户输入的月份得到当月有几天，需考虑闰年的情况。

输出月历主体函数：循环输出当月月历主体，当“日期+当月 1 日是星期几”对 7 求余为 0 时，表示遇到了星期天，此时需要换行。

知识准备

4.3 函数的参数

在 Python 中，参数是函数的重要组成元素。Python 中函数的参数有多种形式，在调用某个函数时，根据对函数的定义形式，既可以向其传递参数，也可以不传递参数，这都并不影响函数的正常调用。

1. 不带参数的函数

语法格式如下:

```
def 函数名( ):
    函数语句
```

【实例 4-3】对 100 以内的偶数求和。

```
def even( ):                                    #定义even( )函数
    sum=0
    for i in range(0, 101, 2):
        sum += i
    print('100以内的偶数之和: %d'%sum)          #输出
even( )                                         #调用even( )函数
```

2. 带参数的函数

语法格式:

```
def 函数名(参数):
    函数语句
```

通常，把 def 函数名（参数）中的参数叫作形式参数；把调用函数时赋于的值叫作实际参数。

【实例 4-4】求任意整数范围内的偶数之和。

```
    def even(start_num,stop_num):                          #自定义函数even( )
        sum=0
        for i in range(start_num, stop_num+1, 2):
            sum += i
        print('%d~%d内的偶数之和: %d'%(start_num,stop_num,sum))
    def main( ):                                           #自定义main( )函数
        start_num=int(input('请输入一个起始整数: '))
        stop_num=int(input('请输入一个终止整数: '))
        even(start_num,stop_num)                           #调用even( )函数
    main( )                                                #调用main( )函数
```

实例 4-4 运行结果如下:

```
    请输入一个起始整数: 100
    请输入一个终止整数: 1000
    100~1000以内的偶数之和: 248050
```

3. 带返回值的函数

语法格式如下:

```
    def 函数名([参数]):
        函数语句
        return 返回值
```

返回值可以是 Python 支持的任何对象。不带 return 语句的函数，默认返回 None 值。

【实例 4-5】对 100 以内的偶数求值。

```
    def even( ):                                 #定义even( )函数
        sum=0
        for i in range(0, 101, 2):
            sum += i
        return sum                               #return返回值
    print('100以内偶数之和: %d'%even( ))          #输出
```

任务实施

根据任务分析，月历查询器的实现代码如下:

```
    # 定义判断闰年的函数,是闰年则返回True,不是则返回False
    def isLeapYear(year):
        if (year % 4 == 0 and year % 100 != 0) or (year % 400 == 0):#判断
闰年的条件
            return True
        else:
            return False
    # 定义计算从1970年截至当年的年天数的函数
    def yearsDays(year):
        totalDays = 0
        if year >= 1970:
            for i in range(1970, year):
                if isLeapYear(i):
                    totalDays += 366
                else:
```

```
                totalDays += 365
        else:
            print('输入错误')
            exit( )
        return totalDays
    # 定义计算当年一月截至当月份的月天数的函数
    def monthsDays(year, month):
        days=0
        for m in range(1,month):
            days=days+thisMonthDays(year,m)
        return days
    # 定义计算当月天数的函数
    def thisMonthDays(year, month):
        if (month==1 or month==3 or month==5 or month==7 or month==8 or
month==10 or month==12):
            return 31
        elif isLeapYear(year) and month==2:
            return 29
        elif (not isLeapYear(year)) and month==2:
            return 28
        else:
            return 30
    # 计算当月1日是星期几的函数
    def week(year, month):
        thisDay = 0
        yDays = yearsDays(year)
        mDays = monthsDays(year, month)
        # 计算年天数和月天数的总和
        if year >= 1970:
            sumDays = yDays + mDays
            if sumDays % 7 == 0:
                thisDay = 4
            else:
                if sumDays % 7 + 4 > 7:
                    thisDay = abs(sumDays % 7 - 3)
                else:
                    thisDay = sumDays % 7 + 4
        else:
            print('输入错误')
            exit( )
        return thisDay
    # 定义打印月历头部函数
    def printTitle(year, month):
        print("-" * 28, "%s年%d月" % (year, month), "-" * 28)
        s = ("星期日", "星期一", "星期二", "星期三", "星期四", "星期五", "星期六")
        for i in s:
            print("%-8s" % i, end="")
        print( )
    # 打印月历主体部分
    def printMain(year, month):
```

```
    day1 = week(year, month)
    day2 = thisMonthDays(year, month)
    # 打印月历空白的部分
    for i in range(day1):
        s=''
        print("%-10s" % s,end="")
    for i in range(1,day2+1):
        print("%-10d" % i,end="")
        if((i+day1)%7==0):
            print( )
def main( ):
    year = int(input("请输入1970以后的年份:"))
    month = int(input("请输入月份: "))
    printTitle(year, month)
    printMain(year, month)
main( )
```

程序运行结果如图 4-1 所示。

```
请输入1970以后的年份:2021
请输入月份: 4
---------------------------- 2021年4月 ----------------------------
星期日    星期一    星期二    星期三    星期四    星期五    星期六
                                        1         2         3
4         5         6         7         8         9         10
11        12        13        14        15        16        17
18        19        20        21        22        23        24
25        26        27        28        29        30
```

图 4-1　月历查询器程序运行结果

任务总结

在调用某个函数时，根据对函数的定义形式，既可以向其传递参数，也可以不向其传递参数。在定义函数时，可以定义不带参数的函数、带参数的函数、带返回值的函数。

任务检测

（1）在 Python 中，以下对于函数中 return 的描述中，错误的是＿＿＿＿＿＿。

A. 一定要有 return

B. 可以有多条 return，但只执行一条

C. return 可以带返回值

D. return 可以不带返回值

（2）如果函数定义为 def fun(user):则以下对该函数的调用不合法的是＿＿＿＿＿＿。

A. fun(“hello”)　　B. fun(‘hello’)

C. fun( )　　D. fun(user== ‘hello’)

项目 12　函数变量的作用域、匿名函数及模块

任务 23　解密恺撒密码——函数变量的作用域

任务描述

恺撒密码最早由古罗马军事统帅恺撒在军队中用来传递加密信息，故称恺撒密码。这是一种位移加密方式，只对 26 个字母进行位移替换加密。随着计算机的诞生及发展，解密古典密码变得非常容易。下面有一段利用恺撒加密的密文，请通过 Python 编程解密该内容，该密文为“AKQD{dbftbs_jt_hppe_cvu_Xfbl!}”，据悉密文中包含 ZJPC 字符。

任务分析

解密恺撒密码需要首先理解平移概念，就是在加密时将一段数据平移多少位，在解密时进行反平移即可得出原数据。以字母 a ~ z 为例，将 a ~ z 都平移三位得出密文，如图 4-2 所示。

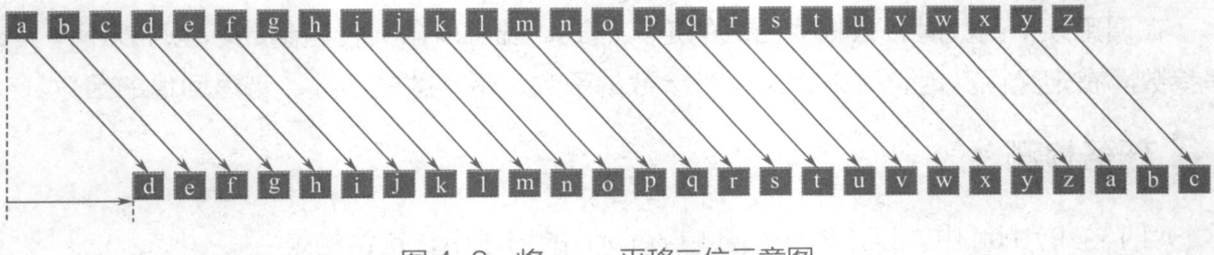

a b c d e f g h i j k l m n o p q r s t u v w x y z

d e f g h i j k l m n o p q r s t u v w x y z a b c

图 4-2　将 a ~ z 平移三位示意图

将 a 平移三位得出 d，b 平移三位得出 e，以此类推。如果到达末尾，则从头开始。例如，z 是字母的末尾，平移三位得出 c，那么由此得出公式：

密文 = 加密函数(明文 + 平移位数) mod 26;

明文 = 解密函数(密文 - 平移位数) mod 26;

即：

$C = E(P + K) \bmod 26$

$P = D(C - K) \bmod 26$

其中，

C = Ciphertext　　　　密文

P = Plainttext　　明文，也就是加密前的数据
E = Encrypt　　加密函数
D = Decrypt　　解密函数
K = Key　　密钥（平移位数）
mod　　取余

例如，10 mod 2 = = 0 取得余数为 0

本例中，

密文 = 加密函数(明文 + Key) mod 26

明文 = 解密函数(密文 - Key) mod 26

如果在不知道 Key 的情况下，可以采取穷举法，总共 26 次便可把密文解密并遍历出来。

知识准备

4.4 局部变量和全局变量

在 Python 中，变量的作用域是指变量的作用范围，即这个变量在什么范围内起作用。如果超出这个作用范围，则再次访问时就会出现错误。在程序中，一般会根据变量的作用范围将变量分为局部变量和全局变量。

1. 局部变量

局部变量是指在函数内部定义并使用的变量，它只在函数内部有效，即在函数内部定义的变量，只有函数运行时才会创建，在函数运行前或函数运行完后，函数内部的变量就失效了。如果在函数外部调用函数内部的变量，就会抛出 NameError 异常错误。

【实例 4-6】定义一个名称为 sum( )的函数，在该函数内部定义一个名为 i 的局部变量并为其赋值，然后输出该变量的值，最后在该函数外部再次输出 i 变量的值，代码如下:

```
def sum(i):
    while i<20:
        i+=1
    return i
i=10
print('局部变量i=%d'%sum(i))         #输出函数sum( )内部变量i的值
print('外部变量i=%d'%i)              #输出函数外部i的值
```

实例 4-6 的运行结果如下:

```
局部变量i=20
外部变量i=10
```

2. 全局变量

在程序开发过程中，有时需要在函数外部设定变量的初始值，然后在函数内访问、修改该初始值，这就需要定义全局变量。我们把函数内外部都可以访问的变量叫作全局变量。

（1）如果在函数外部定义一个变量，那么该变量不仅在函数外部可以被访问到，而且在函数内部也可以被访问到。

【实例 4-7】首先定义全局变量 msg1、msg2、msg3、msg4，然后定义函数 judge()，在该函数内根据输入要求输出全局变量 msg1、msg2、msg3、msg4 的值，代码如下：

```
result=int(input('请输入您的成绩：'))
msg1='成绩等级为A'
msg2='成绩等级为B'
msg3='成绩等级为C'
msg4='成绩等级为D'
def judge(num):
    if num>=90:
        print(msg1)
    elif num>=80:
        print(msg2)
    elif num>=60:
        print(msg3)
    else:
        print(msg4)
judge(result)
```

运行实例 4-7，分别输入 90 和 30 分，运行结果如下：

```
请输入您的成绩：90
成绩等级为A
请输入您的成绩：30
成绩等级为D
```

说明：

在函数外部定义的全局变量，在函数内部只能访问不能修改，如果在函数内部修改全局变量，则程序将会报错。例如，在以下程序中定义全局变量 x，自定义函数 test_scopt( )，在该函数内部修改全局变量 x 时将产生错误提示，如图 4-3 所示。

```
x = 40
def test_scopt(y):
    x+=y
    print(x)
test_scopt(10)
```

```
    x+=y
UnboundLocalError: local variable 'x' referenced before assignment
```

图 4-3　在函数内部修改全局变量时的错误提示

（2）在函数内部使用 global 关键字以将变量定义为全局变量，则在函数外部就可以使用该变量，并且在函数内部也可以对其进行修改。

【实例 4-8】在上例自定义 test_scopt( )函数内部首先使用 global 关键字对 x 进行声明，然后对 x 进行赋值或修改。

```
x = 40
def test_scopt(y):
    global x  #定义x 为全局变量
    x+=y
    print(x)
test_scopt(10)
```

实例 4-8 的运行结果如图 4-4 所示。

```
x= 50
```

图 4-4　实例 4-8 的运行结果

4.5　isalpha( )方法

isalpha( )方法用于判断字符串是否仅由字母组成。

语法格式:

```
str.isalpha( )
```

如果字符串中至少有一个字符是字母或所有字符都是字母，则返回 True; 否则返回 False。

如果字符串中至少有一个字符是汉字则 isalpha( )方法也会返回 True。对于汉字的判断，需要首先将其用 encode( )函数编码，然后再利用 isalpha( )方法判断。

【实例 4-9】判断输入的用户名是否为全英文。

```
while True:
    str1=input('请输入全英文用户名: ')
    myval=str1.encode('utf-8').isalpha( )    #判断输入的用户名是否为全英文
    if myval:
        print('输入姓名正确')
        break
    else:
        print('用户名应为全英文，请重新输入！！！')
```

实例 4-9 的运行结果如图 4-5 所示。

```
请输入全英文用户名：hello_boy
用户名应为全英文，请重新输入！！！
请输入全英文用户名：5555
用户名应为全英文，请重新输入！！！
请输入全英文用户名：王二
用户名应为全英文，请重新输入！！！
请输入全英文用户名：superman
输入姓名正确
```

图 4-5　实例 4-9 的程序运行结果

任务实施

根据任务分析，本任务代码设计如下:

```
cipher_text='AKQD{dbftbs_jt_hppe_cvu_Xfbl!}'    #定义密文为全局变量
def Encrypt(plaintext,key):
    ciphertext = ''
    for i in plaintext:                          #遍历明文
        if i.isalpha( ):                         #判断是否为字母
            if i.isupper( ):                     #判断是否为大写字母
                # 明文是否为字母，如果是，则判断大小写，分别用ASCII进行解密
```

```
                ciphertext += chr(65+(ord(i)-65+key)%26)    #大写字母移位后转换解密
            else:
                ciphertext += chr(97+(ord(i)-97+key)%26)    #小写字母移位后转换解密
        else:
                  # 如果不为字母，则直接将其添加到密文字符里
            ciphertext += i
    return ciphertext
for key in range(1,27): #遍历26次密文
    flag=Encrypt(cipher_text,key)
    if 'ZJPC' in flag:                          #判断解密后是否包含ZJPC字符
        print(flag)                             #打印解密后的字符
```

程序运行结果如图 4-6 所示。

```
ZJPC{caesar_is_good_but_Weak!}
```

图 4-6　程序运行结果

任务总结

Python 变量的作用域是指变量的作用范围。根据作用范围，可以将变量定义为局部变量或全局变量。局部变量是指在函数内部定义并使用的变量，它只在函数内部有效。把函数内外都可以访问的变量叫作全局变量。

任务检测

（1）执行下列程序后，运行结果是________。

```
def func1( ):
    x=200
    def func2( ):
        print(x)
    func2( )
x=100
func1( )
print(x)
```

（2）执行下列程序后，运行结果是________。

```
counter=1
num=0
def testvar( ):
    global counter
    for i in (1,2,3):
        counter+=1
        num=10
testvar( )
print(counter,num)
```

任务 24 爬取电子工业出版社图书封面图片——匿名函数及模块应用

任务描述

网络爬虫是一种按照一定的规则，自动抓取万维网上公开信息的程序或脚本。使用 Python 设计一个自动批量下载网站图片的网络爬虫小程序。

任务分析

打开百度图片搜索引擎，在搜索框输入搜索信息“电子工业出版社图书封面”，搜索结果如图 4-7 所示。

图 4-7 电子工业出版社图书封面图片

复制浏览器地址栏的 URL 地址，并对其进行缩减处理，去除相关不必要的参数，缩减处理后的 URL 地址如下：

https://image.baidu.com/search/flip?tn=baiduimage&ie=utf-8&word=电子工业出版社图书封面&pn=0

说明：参数 flip 产生搜索分页；&word=后的参数是要进行搜索的关键字；&pn=后的参数是当前的分页数；0 是搜索的第一页，以此类推。

图片搜索网址缩减后的效果如图 4-8 所示。

图 4-8　图片搜索网址缩减后的效果

在搜索页面单击鼠标右键，选择查看网页源码，在源码中搜索 URL，经过分析发现，objURL 地址就是我们搜索图片的原图地址，如图 4-9 所示；fromPageTitle 是搜索图片的原图名称，如图 4-10 所示。

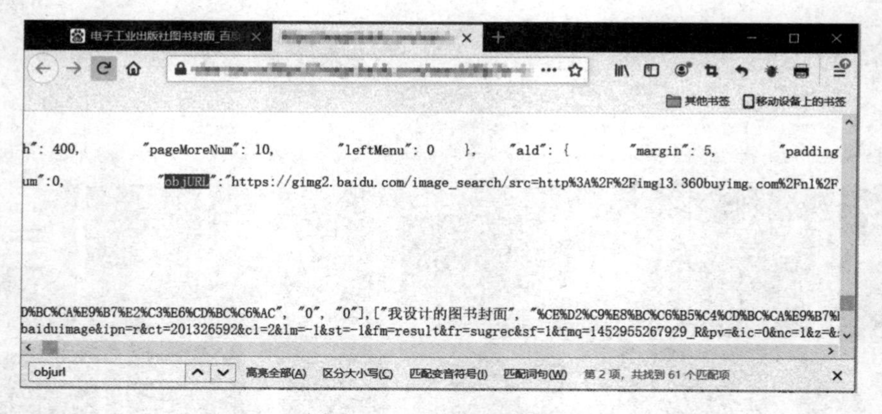

图 4-9　搜索图片的原图地址

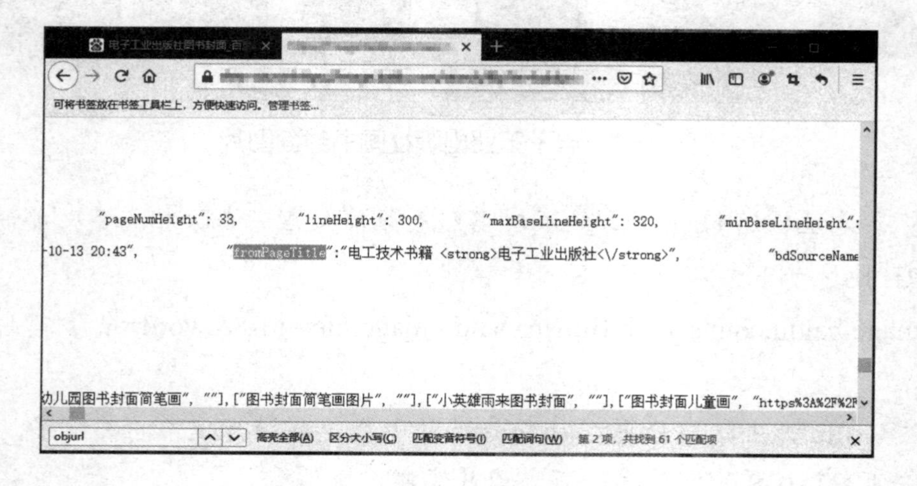

图 4-10　搜索图片的原图名称

通过分析找到图片的下载规律，用 Python 的 rquest 模块实现图片访问的请求；用 Python 的 re 模块实现图片的地址的过滤筛选；用 Python 的 os 模块实现系统操作，从而实现自动爬取图片并下载到本地的效果。

知识准备

在众多的编程语言中，函数的优点之一是使用它们可将代码与主程序分离。通过给函数指定描述性名称，可以让主程序更加容易理解。另外，还可以进一步将函数存储在称为模块的独立文件中，然后再将模块导入主程序中。此外，Python 提供了功能强大的模块，主要体现为不仅在 Python 标准库中包含了大量的模块，而且还提供了很多第三方模块。有了这些强大模块的支持，将极大地提高我们的开发效率。

4.6 自定义模块

在 Python 中，自定义模块有两个作用：一个是规范代码，让代码更易于阅读；另一个是方便其他程序使用已经编写好的代码，从而提高开发效率。

1. 创建模块

创建模块时，可以将实现指定功能的相关代码编写在一个单独的文件中，并且将该文件命名为“模块名.py”的形式。

注意：

创建模块时，设置的模块名不能与 Python 自带的标准模块名相同。

【实例 4-10】创建一个根据体重、速度、时间，计算跑步所消耗的卡路里的模块，并命名为 cal.py。其中，cal 为模块名，.py 为扩展名。代码如下：

```
def cal(kg,speed,times):                    #自定义cal( )函数
    global dista
    global calor
    weight=float(kg)                        #将函数接收的体重转换为浮点型
    speed=float(speed)                      #将函数接收的速度转换为浮点型
    times=int(times)                        #将函数接收的时间转换为整型
    dista=speed*(times/60)                  #根据速度和时间计算跑步距离
    calor=weight*30/(400/(speed*1000/60))*times/60 #计算跑步消耗的卡路里
def  print_out( ):                          #自定义函数print_out
    print("跑步距离：",format(dista,'.2f'),'千米')    #输出跑步距离，格式化为保留2位小数
    print("燃烧卡路里：",format(calor,'.2f'),'卡路里')    #输出跑步消耗的卡路里，格式化为保留2位小数
```

注意：

模块文件的扩展名必须是“.py”。

2. 使用 import 语句导入模块

模块创建完成后，就可以在其他程序中使用该模块了。若要使用该模块，则需要首先以模块的形式加载模块中的代码，可以使用 import 语句实现。import 的基本语法格式如下：

```
import  modulname [as alias]
```

参数说明：

modulname：要导入模块的名称。

[as alias]：给模块起的别名，通过该别名也可以使用该模块。

【实例 4-11】使用 import 语句导入模块。

导入实例 4-10 中编写的模块，并执行该模块中的函数。在模块文件 cal.py 的同级目录下创建名为 main.py 的文件，在该文件中导入模块 cal，并且执行该模块中的 cal( )函数。代码如下：

```
import cal                                    #导入cal模块
cal.cal(70,12,60)                             #执行cal模块中cal( )函数
cal.print_out( )                              #执行print_out函数
```

实例 4-11 的运行结果如图 4-11 所示。

```
跑步距离： 12.00 千米
燃烧卡路里： 1050.00 卡路里
```

图 4-11　实例 4-11 的程序运行结果

说明：

在调用模块中的变量、函数或类时，需要在变量名、函数名或类名前添加“模块名.”以表示是调用哪个模块下的函数。

3. 使用 from…import 语句导入模块

在使用 import 语句导入模块时，每执行一条 import 语句就会创建一个新的命名空间，并且在该命名空间中执行与.py 文件相关的所有语句。在执行时，需要在具体的变量、函数和类名前加上“模块名.”。如果不想在每次导入模块时都创建一个新的命名空间，而是将具体的定义导入当前的命名空间中，则可以使用 from…import 语句。使用 from…import 语句导入模块后，不需要再添加“模块名.”，而直接通过具体的变量、函数和类名等访问即可。

from…import 语句的语法格式如下：

```
from modelname import member
```

参数说明：

modelname：模块名称，区分字母大小写。

member：用于指定要导入的变量、函数或类等，可以同时导入多个定义，各定义之间用逗号“,”分隔。如果想导入全部定义，则可以使用通配符星号“*”代替全部定义。

例如，通过下面三条语句中的任意一句，就可以从模块中导入指定的定义。

```
from cal import cal
from cal import cal,print_out
from cal import *
```

4.7　引用其他模块

在 Python 中，除可以自定义模块名外，还可以引用其他模块，主要包括标准模块和第

三方模块。

1. 导入和使用标准模块

在 Python 中自带了很多模块，称为标准模块。可以直接用 import 语句将标准模块导入 Python 文件中使用。

【实例 4-12】 若要导入标准模块 time（用于时间处理和转换），则可以使用以下代码：

```
import time #导入time模块
print("当前时间的时间戳：%f"%time.time( ))
```

实例 4-12 的运行结果为：

```
当前时间的时间戳：1618832492.374531
```

2. 第三方模块的下载与安装

在进行 Python 程序开发时，除可以使用 Python 内置标准模块外，还可以使用第三方模块。在使用第三方模块时，需要首先下载并安装该模块，然后就可以像使用标准模块一样导入并使用了。下载和安装第三方模块可以用 Python 提供的 pip 命令实现。

pip 命令的语法格式如下：

```
pip  <command> [modelname]
```

参数说明：

command：用于指定要执行的命令。常用参数值有 install（用于安装第三模块）、uninstall(用于卸载已经安装的第三方模块)、list（用于显示已经安装的第三方模块）等。

modelname：可选参数，用于指定要安装或卸载的模块名，当 command 的参数值为 install 或 uninstall 时，modelname 不能省略。

【实例 4-13】 若要安装第三方 numpy 模块（用于科学计算），则可以在命令行窗口中输入以下代码：

```
pip install numpy
```

执行上面的代码，将在线安装 numpy 模块，安装完毕后，将显示如图 4-12 所示的结果。

```
Microsoft Windows [版本 10.0.17763.1879]
(c) 2018 Microsoft Corporation。保留所有权利。

F:\untitled>pip install numpy
Collecting numpy
  Downloading numpy-1.20.2-cp37-cp37m-win_amd64.whl (13.6 MB)
     |████████████████████████████████| 13.6 MB 27 kB/s
Installing collected packages: numpy
Successfully installed numpy-1.20.2
WARNING: You are using pip version 20.2.3; however, version 21.0.1 is available.
You should consider upgrading via the 'd:\program files\python37\python.exe -m pip install --upgrade pip' command.

F:\untitled>
```

图 4-12　在线安装 numpy 模块

3. requests 模块使用方法

requests 模块是一个用于在程序中进行 HTTP 请求的模块，requests 是第三方模块。

（1）安装第三方 requests 模块。

```
pip install requests
```

（2）利用 get 请求方式发送 HTTP 网络请求，示例代码如下：

```
import requests
response=requests.get('http://www.baidu.com')
print(response.status_code)                          #输出状态码
print(response.url)                                  #输出URL
print(response.headers)                              #输出头部信息
print(response.cookies)                              #输出cookie信息
print(response.text)                                 #以文本的形式输出网页源码
print(response.content)                              #以字节流形式输出网页源码
```

（3）利用 post 请求方式发送 HTTP 网络请求，示例代码如下：

```
import requests
data={'word':'hello'}                                #表单参数
#对需要爬取的网页发送请求
response=requests.post('http://httpbin.org/post',data=data)
print(response.text) #以文本的形式打印网页源码
```

（4）多种网络请求方式，示例代码如下：

```
import requests
requests.get('http://httpbin.org/get')
requests.post('http://httpbin.org/post')
requests.put('http://httpbin.org/put')
requests.delete('http://httpbin.org/delete')
requests.head('http://httpbin.org/get')
requests.options('http://httpbin.org/get')
```

4. 匿名函数 lambda( )

在 Python 中，可以使用 lambda( )函数来创建匿名函数。所谓匿名，是指不再使用 def 语句这样的标准形式定义一个函数，而是可以将匿名函数赋值给一个变量以供其调用，这是 Python 中一类比较特殊的声明函数的方式，匿名函数 lambda( )来源于 LISP 语言，其语法格式如下所示：

```
result=lambda[arg1[,arg2,…,argn]]:expression
```

参数说明：

result：用于调用 lambda 表达式。

[arg1[,arg2,…,argn]]：可选参数，用于指定要传递的参数列表，多个参数间使用逗号“,”分隔。

expression：必选参数，用于指定一个实现具体功能的表达式。

注意：

使用 lambda 表达式时，参数可以有多个，多个参数间使用逗号“,”分隔，但是表达式只能有一个，即返回一个值，而且也不能出现其他非表达式语句（如 for 或 while）。

【实例 4-14】创建匿名函数。

代码如下：

```
sum=lambda arg1,arg2:arg1+arg2
#调用sum( )函数
print("相加后的值为：",sum(10,20))
```

```
    print("相加后的值为",sum(20,20))
```

实例 4-14 的运行结果如图 4-13 所示。

```
相加后的值为： 30
相加后的值为： 40
```

图 4-13　实例 4-14 的运行结果

任务实施

根据任务分析，本任务代码设计如下：

```
import requests  #导入requests模块
import re        #导入re模块
import os        #导入os模块
#模拟浏览器头部
headers = {'User-Agent':'Mozilla/5.0 (Windows NT 10.0; Win64; x64) '\
       'AppleWebKit/537.36 (KHTML, like Gecko) Chrome/84.0.4147.125
Safari/537.36'}
name = input('请输入爬取图片的名称:')
num = 0
x = input('爬取图片的数量，输入1等于60张图片:')
for i in range(int(x)):
    # 下载到本地图片的位置
    name_1 = 'f:/pic/{}/'.format(name)
    # 根据图片URL发现可以输入的种类，拼接得到对应图片集
    url = 'https://image.baidu.com/search/flip?tn=baiduimage&ie=utf-8&word='\
          +name+'&pn='+str(i*30)
    res = requests.get(url,headers=headers)
    html_1 = res.content.decode( )
    # 正则匹配解析后的HTML中的图片URL地址
    pic_url =re.findall('"objURL":"(.*?)",',html_1)
    #正则匹配解析后的html中图片的名称
    pic_name=re.findall('"fromPageTitle":"(.*?)",',html_1)
    name_list=[]
    #提取图片名称
    for p_name in pic_name:
        name_list.append(p_name.split('<strong>')[0])
    #把图片地址和名称组成一一对应的字典文件
    pic_dic=dict(map(lambda x,y:[x,y],pic_url,pic_name))
    # 如果没有文件夹则重新创建
    if not os.path.exists(name_1):
        os.makedirs(name_1)
    # 循环写到本地
    for key in pic_dic:
        num = num +1
        try:
            img = requests.get(key)
        except Exception as e:
            print('第'+str(pic_dic[key])+'张图片无法下载------------')
            print(str(e))
            continue
        #替换文件名中非法字符，并对爬取的图片进行命名
        f = open(name_1 + str(num)+'.'+name+re.sub(r'[\/\\\:\*\?\"\<\>\|]',
'',\
```

```
            str(pic_dic[key]).split('<strong>')[0]) +'.jpg','ab')
        print('---------正在下载第'+str(num)+'张图片----------')
        f.write(img.content)
        f.close( )
print('下载完成')
```

运行上面的代码，将显示如图 4-14 所示的抓取图片结果。

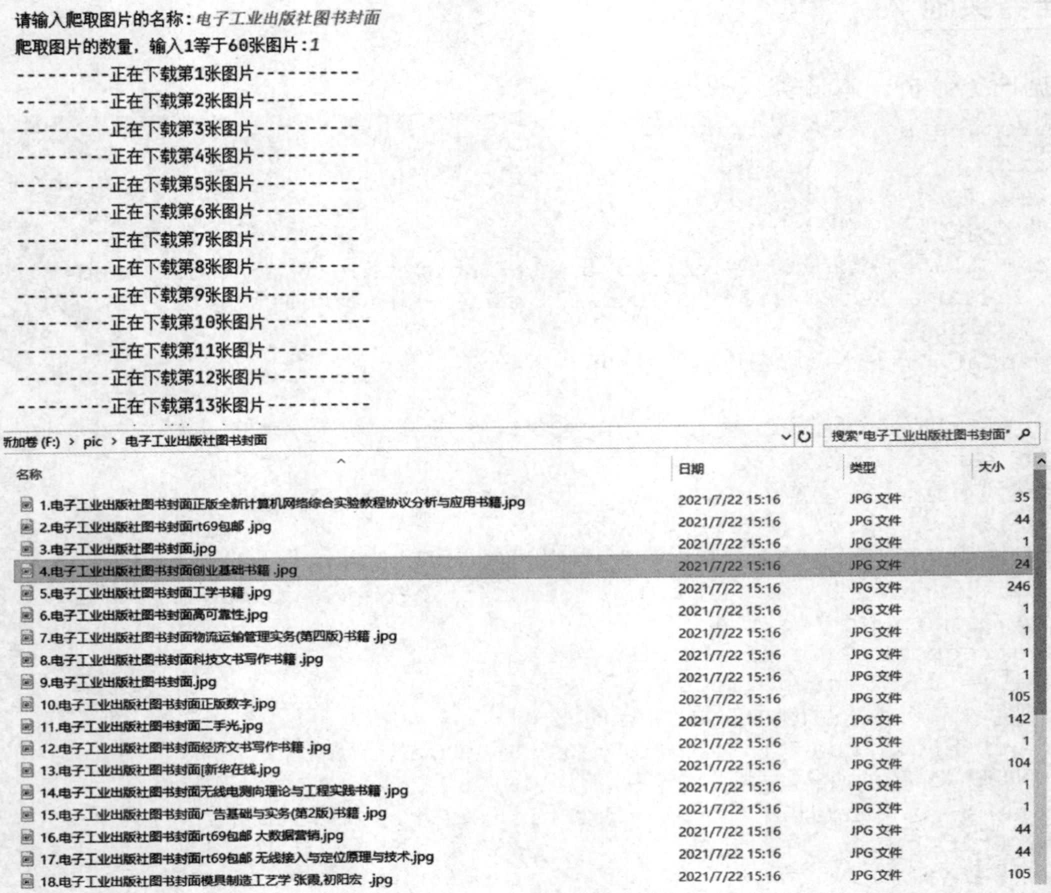

```
请输入爬取图片的名称：电子工业出版社图书封面
爬取图片的数量，输入1等于60张图片：1
---------正在下载第1张图片----------
---------正在下载第2张图片----------
---------正在下载第3张图片----------
---------正在下载第4张图片----------
---------正在下载第5张图片----------
---------正在下载第6张图片----------
---------正在下载第7张图片----------
---------正在下载第8张图片----------
---------正在下载第9张图片----------
---------正在下载第10张图片----------
---------正在下载第11张图片----------
---------正在下载第12张图片----------
---------正在下载第13张图片----------
```

新加卷 (F:) > pic > 电子工业出版社图书封面　　搜索"电子工业出版社图书封面"

名称	日期	类型	大小
1.电子工业出版社图书封面正版全新计算机网络综合实验教程协议分析与应用书籍.jpg	2021/7/22 15:16	JPG 文件	35
2.电子工业出版社图书封面rt69包邮 .jpg	2021/7/22 15:16	JPG 文件	44
3.电子工业出版社图书封面.jpg	2021/7/22 15:16	JPG 文件	1
4.电子工业出版社图书封面创业基础书籍 .jpg	2021/7/22 15:16	JPG 文件	24
5.电子工业出版社图书封面工学书籍 .jpg	2021/7/22 15:16	JPG 文件	246
6.电子工业出版社图书封面高可靠性.jpg	2021/7/22 15:16	JPG 文件	1
7.电子工业出版社图书封面物流运输管理实务(第四版)书籍 .jpg	2021/7/22 15:16	JPG 文件	1
8.电子工业出版社图书封面科技文书写作书籍 .jpg	2021/7/22 15:16	JPG 文件	1
9.电子工业出版社图书封面.jpg	2021/7/22 15:16	JPG 文件	1
10.电子工业出版社图书封面正版数字.jpg	2021/7/22 15:16	JPG 文件	105
11.电子工业出版社图书封面二手光.jpg	2021/7/22 15:16	JPG 文件	142
12.电子工业出版社图书封面经济文书写作书籍 .jpg	2021/7/22 15:16	JPG 文件	1
13.电子工业出版社图书封面[新华在线.jpg	2021/7/22 15:16	JPG 文件	104
14.电子工业出版社图书封面无线电测向理论与工程实践书籍 .jpg	2021/7/22 15:16	JPG 文件	1
15.电子工业出版社图书封面广告基础与实务(第2版)书籍 .jpg	2021/7/22 15:16	JPG 文件	1
16.电子工业出版社图书封面rt69包邮 大数据营销.jpg	2021/7/22 15:16	JPG 文件	44
17.电子工业出版社图书封面rt69包邮 无线接入与定位原理与技术.jpg	2021/7/22 15:16	JPG 文件	44
18.电子工业出版社图书封面模具制造工艺学 张霞,初阳宏 .jpg	2021/7/22 15:16	JPG 文件	105

图 4-14　抓取图片结果

任务总结

在 Python 中使用自定义模块，可以规范代码，让代码更易于阅读，也方便其他程序使用已经编写的代码，从而提高开发效率。可以自定义编写模块，也可以使用 import 语句或 from…import 语句导入模块。在 Python 中，除可以自定义模块外，还可以引用其他模块，主要包括使用标准模块和第三方模块。

任务检测

（1）下列程序的运行结果是______________。

```
f=[lambda x=1:x*2,lambda x:x**2]
print(f[1](f[0](3)))
```

A. 1　　　　B. 6

C. 9　　　　D. 36

（2）已知 f=lambda x,y:x+y,则 f([4],[1,2,3])的值是______________。

A. [1,2,3,4]　　　　B. 10

C. [4,1,2,3]　　　　D. {1,2,3,4}

（3）Python 语句 print(type(lambda:None))的输出结果是______________。

A. <class 'None Type'>　　　　B. <class 'tuple'>

C. <class 'type'>　　　　D. <class 'function'>

（4）output.py 和 test.py 的文件内容分别如下，且两个文件位于同一文件夹中，则运行 test.py 后的输出结果是______________。

```
    output.py
def show( ):
    print(__name__)
```

```
    test.py
import output
if __name__=='__main__':
    output.show( )
```

A. output　　　　B. __name__

C. test　　　　D. __main

文件及目录操作

模块概述

计算机信息系统中，根据信息存储时间的长短，可以分为临时性信息和永久性信息。临时性信息存储在计算机的临时性存储设备（如计算机内存）中，这类信息随系统断电而丢失。永久性信息存储在计算机的永久性存储设备（如磁盘和光盘）中。Python 提供了内置的文件对象，以及对文件、目录进行操作的内置模块。通过这些技术可以很方便地将数据保存到永久性存储设备的文件中，以达到长时间保存数据的目的。

本模块将详细介绍在 Python 中如何进行文件和目录的相关操作。

学习目标

了解 Python 文件及目录有哪些操作方法，了解文件的基本编码方式。掌握 Python 文件、目录的基本操作方法。通过具体实例，掌握函数在 Python 中的具体应用，从而提高解决问题的能力。

知识框架

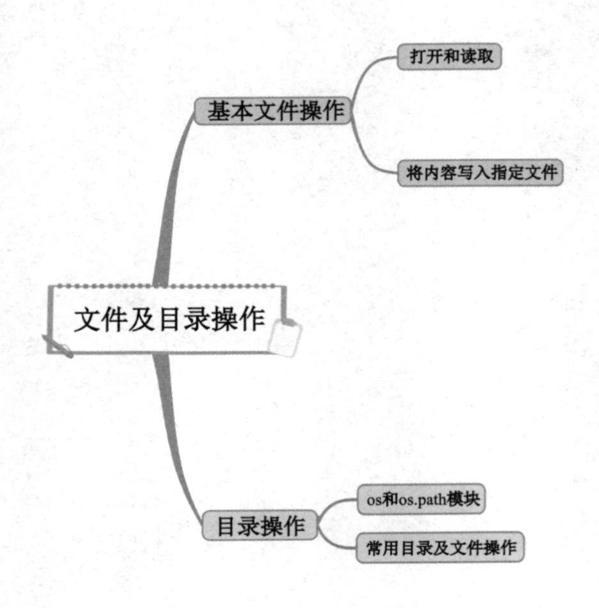

项目 13　Python 基本文件操作

任务 25　计算机图书资料库——打开和读取文件

任务描述

请编写一个程序，读取图书信息文件，输出全部该图书的相关信息：输入图书名称（部分名称即可），查看该图书是否包含在文件里面，如果包含，则输出该图书的相关信息。

任务分析

利用 Python 内置 open( )函数打开图书信息文件，使用 while 循环语句循环使用 readline 方法以读取每一行信息，实现显示全部图书信息的功能。

知识准备

5.1　文件概述

文件是指一组相关数据的有序集合。实际上，在前面的内容中我们已经多次使用了文件，如源程序文件、目标文件、可执行文件、库文件（头文件）等。文件通常是驻留在外部介质（如磁盘等）上的，在使用时才调入内存以供使用。从文件编码的方式来看，文件可分为 ASCII 码文件和二进制码文件两种。

ASCII 文件也称文本文件，这种文件在磁盘中存放时每个字符对应 1 字节，用于存放对应的 ASCII 码。例如，字符串“1234”在磁盘上的存储形式是 31H、32H、33H、34H 这 4 个字符，既“1”“2”“3”“4”的 ASCII 码，在 Windows 的记事本程序中输入“1234”后保存为一个文件，就可以看到该文件在磁盘中占 4 字节，打开此文件后可以看到“1234”字符串。ASCII 码文件可在屏幕上按字符显示，因为每个字符对应其 ASCII 码，每个 ASCII 码的二进制数都被解释为一个可见字符。ASCII 码文件很多，如源程序文件就是 ASCII 码文件，用 DOS 命令“TYPE”可显示文件的内容。

在进行读/写文件操作之前要首先打开文件，使用完毕要关闭文件。所谓打开文件，实际上是创建文件的各种有关信息，并使文件指针指向该文件，以便进行其他操作。关闭文件则是指断开文件指针与文件之间的联系，从而禁止对该文件再进行操作，同时释放文件占用的资源。

5.2 文件的打开与关闭

1. 打开文本文件

open( )函数用来打开文件，其调用的形式为：

```
文件对象=open(文件名，文件打开方式)
```

其中，“文件对象”是一个 Python 对象，open( )函数是打开文件的函数，“文件名”是被打开文件的文件名字符串，“文件打开方式”是指文件的类型和操作要求。文件的打开方式如表 5-1 所示。

表 5-1 文件的打开方式

文件打开方式	意义
t	文本模式（默认）
x	写模式，新建一个文件时，如果该文件已存在则报错
b	二进制模式
+	打开一个文件进行更新（可读、可写）
r	以只读模式打开文件。文件指针将会放在文件的开头。这是默认模式
r+	打开一个文件用于读/写。文件指针将会放在文件的开头
w	打开一个文件只用于写入。如果该文件已存在则打开文件，并从文件头开始编辑，即原有内容会被删除。如果该文件不存在，则创建新文件
w+	打开一个文件用于读/写。如果该文件已存在则打开文件，并从文件头开始编辑，即原有内容会被删除。如果该文件不存在，则创建新文件
a	打开一个文件用于追加。如果该文件已存在，则文件指针将会放在文件的结尾。也就是说，新的内容将会被写入已有内容之后。如果该文件不存在，则创建新文件以便写入
a+	打开一个文件用于读/写。如果该文件已存在，则文件指针将会放在文件的结尾，且文件打开时是追加模式。如果该文件不存在，则创建新文件用于读/写

2. 关闭文本文件

打开文件并操作完毕后，要关闭文件并释放文件资源，关闭文件操作的语法格式为：

```
文件对象.close( )
```

其中，“文件对象”是用 open( )函数打开后返回的对象。

3. 文件操作的异常

文件操作时一般要处理异常，打开一个文件时若文件不存在，则会出现错误：

```
f=open("c:\\abc.txt","rt")
s=f.read( )
f.close( )
```

如果 c:\abc.txt 文件不存在，那么就会出现异常。文件操作属于 I/O 操作，I/O 操作中可能因为 I/O 设备的原因造成操作不正确，因此 I/O 操作一般建议使用 try 语句以捕获可能发生的错误。上例程序改为：

```
try:
    f=open("c:\\abc.txt","rt")
    s=f.read( )
    f.close( )
except:
    print("文件打开失败")
```

5.3 读取文本文件

1. 读取字符的函数 read( )

read( )函数的功能是从指定的文件中读取字符，函数调用的形式为：

```
文件对象.read( )
文件对象.read(n)
```

对于 read( )函数的使用有以下几点说明。

（1）在使用 read( )函数从指定的文件中读取字符时，文件必须是已经以只读方式打开的文件。

（2）在文件内部有一个文件指针，用来指向当前正在读取的字符，在打开文件时，该文件指针总是指向文件的第一个字符。使用 read( )函数后，该文件指针将向后移动一个字符，每读取一个字符，该文件指针就向后移动一个字符，因此可连续多次使用 read( )函数以读取多个字符。

（3）如果不指定要读取的字符数 n，则在使用 read( )函数读取字符时，读取整个文件的内容；如果使用 read(n)指定要读取的字符数，则按要求读取 n 个字符；如果要读取 n 个字符，而文件没有那么多的字符时，那么就读取整个文件的内容。

（4）如果文件指针已经到达文件的尾部，再读取时就会返回一个空串。

在读取模式下，如果新行符为 None，那么就作为通用换行符模式工作，即\n、\r 或\r\n 都可以作为换行标识，并且统一转换为\n。当设置为空时，也以通用换行符模式工作，但不转换为\n。

【实例 5-1】保存文件 c:\abc.txt，打开该文件并读取全部内容，然后把其内容显示在屏幕上。

```
def writeFile( ):
    fobj=open("c:\\abc.txt","wt")
    fobj.write("abc\nxyz")
    fobj.close( )

def readFile( ):
    fobj=open("c:\\abc.txt","rt")
    s=fobj.read( )
    print(s)
    fobj.close( )

try:
writeFile( )
```

```
    readFile( )
      except Exception as err:
         print(err)
```

注意：

程序中没有在 readFile( )与 writeFile( )中捕获异常，而是在主程序中统一捕获这两个函数中可能存在的异常。

实例 5-1 的运行结果如下：

```
    abc
    xyz
```

【实例 5-2】保存文件 c:\abc.txt，打开文件并读取部分内容，然后把其内容显示在屏幕上。

```
    def writeFile( ):
       fobj=open("c:\\abc.txt","wt")
       fobj.write("abc\nxyz")
       fobj.close( )

    def readFile(n):
       fobj=open("c:\\abc.txt","rt")
       s=fobj.read(n)
       print(s)
       fobj.close( )

    try:
    writeFile( )
    n=3
    print(n)
    readFile(n)
      except Exception as err:
         print(err)
```

运行实例 5-2，对不同的 n 值读取的结果如图 5-1 所示。

```
n=1
读取字符：a
n=2
读取字符：ab
n=3
读取字符：abc
n=4
读取字符：abc

n=5
读取字符：abc
x
n=6
读取字符：abc
xy
n=7
读取字符：abc
xyz
n=8
读取字符：abc
xyz
```

图 5-1　对不同的 n 值读取的结果

注意：

n=4，读取4个字符时abc后面有一个换行符'\n'，只是我们看不见，但是的确存在，除abc外，还有'\n'，因此读出的是"abc\n"，所以字符串长度为4。n=5时，读取的字符为"abc\nx"。n=8时要求读8个字符，但是文件只有7个字符，因此只读出全部的"abc\nxyz"。

【实例5-3】保存文件c:\abc.txt，每次打开文件时只读取一个字符，要求读取全部文件内容。

如果文件指针已经指到了文件的尾部，则再次读取时就返回一个空字符串。代码如下。

```
def writeFile( ):
    fobj=open("c:\\abc.txt","wt")
    fobj.write("abc\nxyz")
    fobj.close( )

def readFile( ):
    fobj=open("c:\\abc.txt","rt")
    goon=1
    st=""
    while goon==1:
        s=fobj.read(1)
        if s!="":
            st=st+s
        else:
            goon=0
    fobj.close( )
    print(st)
try:
writeFile( )
readFile( )
   except Exception as err:
      print(err)
```

实例5-3的运行结果如下。

```
abc
xyz
```

2．读取一行字符串的函数readline( )

如果要从文件中读取一行字符串，那么函数调用的形式为：

```
文件对象.readline( )
```

规则如下。

（1）readline( )函数返回一行字符串。它的规则是在文件中连续读取字符并组成字符串，一直读取到“\n”字符或读取到文件尾部为止。

（2）如果读取到“\n”，那么返回的字符串中包含“\n”。

（3）如果文件指针已经指到文件尾部，则再次读取时就返回一个空字符串。

【实例5-4】在文件中分两行写入“abc”与“xyz”，然后读取并显示在屏幕上。

```
def writeFile( ):
    fobj=open("c:\\abc.txt","wt")
```

```
    fobj.write("abc\nxyz")
    fobj.close( )
def readFile( ):
    fobj=open("c:\\abc.txt","rt")
    s=fobj.readline( )
    print(s,"length=",len(s))
    s=fobj.readline( )
    print(s,"length=",len(s))
    s=fobj.readline( )
    print(s,"length=",len(s))
    fobj.close( )
try:
writeFile( )
readFile( )
  except Exception as err:
     print(err)
```

实例 5-4 的运行结果如下。

```
abc
 length= 4
xyz length= 3
 length= 0
```

第一次读取一行字符，内容为"abc\n"，第二次读取内容为"xyz"，之后指针已经指到文件尾部，再次读取时则读取一个空字符串。

【实例 5-5】保存文件 c:\abc.txt，每次打开文件时读取一行字符，要求读取全部文件内容。

利用文件指针读取文件，当文件指针指到文件尾部时，则再次读取仅读取一个空字符串，因此可以利用这一特性设计下列代码。

```
def writeFile( ):
    fobj=open("c:\\abc.txt","wt")
    fobj.write("abc\nxyz")
    fobj.close( )
def readFile( ):
    fobj=open("c:\\abc.txt","rt")
    goon=1
    st=""
    while goon==1:
        s=fobj.readline( )
        if s!="":
            st=st+s
        else:
            goon=0
    fobj.close( )
    print(st)
try:
writeFile( )
readFile( )
  except Exception as err:
     print(err)
```

实例 5-5 的运行结果如下。

```
abc
xyz
```

3．读取所有行的函数 readlines( )

如果要从文件中读取所有行，那么函数调用的形式为：

```
文件对象.readlines( )
```

规则如下。

（1）该函数返回所有行的字符串，每行都是用"\n"分开的，而且一行的结尾如果是"\n"则包含"\n"。

（2）通常使用 for 循环从 readlines( )中提取每一行。

【实例 5-6】读取文本文件。

```
def writeFile( ):
    fobj = open("c:\\abc.txt", "wt")
    fobj.write("abc\n我们\nxyz")
    fobj.close( )
def readFile( ):
    fobj = open("c:\\abc.txt", "rt")
    for x in fobj.readlines( ):
        print(x,end='')
    fobj.close( )
try:
    writeFile( )
    readFile( )
except Exception as err:
    print(err)
```

实例 5-6 的运行结果如下。

```
abc
我们
xyz
```

4．文件对象的 tell( )方法

文件对象的 tell( )方法用来返回文件指针的当前位置，它的返回值是一个整数。

【实例 5-7】显示文件指针的值。

```
fobj = open("c:\\abc.txt", "wt")
print(fobj.tell( ))
fobj.write("abc")
print(fobj.tell( ))
fobj.write("我们")
print(fobj.tell( ))
fobj.close( )
```

实例 5-7 的运行结果如下。

```
0
3
7
abc我们
```

由此可见，程序打开时文件指针指向开始位置 0，写入"abc"后文件指针的位置变成 3，写入"我们"后文件指针的位置变成 7（因为又写了 4 字节）。

Python 使用 seek( )方法移动文件指针，其调用形式为：

```
文件对象.seek(offset[,whence])
```

参数说明：

offset：开始的偏移量，也就是需要移动偏移的字节数。

whence：可选参数，默认值为 0。表示要从哪个位置开始偏移，0 表示从文件开头开始偏移，1 表示从当前位置开始偏移，2 表示从文件末尾开始偏移。

【实例 5-8】读/写文件。

```
def writeFile( ):
    fobj = open("c:\\abc.txt", "wt+")
    print(fobj.tell( ))
    fobj.write("123")
    print(fobj.tell( ))
    fobj.seek(2,0)
    print(fobj.tell( ))
    fobj.write("abc")
    print(fobj.tell( ))
    fobj.close( )
def readFile( ):
    fobj = open("c:\\abc.txt", "rt+")
    rows=fobj.read( )
    print(rows)
    fobj.close( )
try:
    writeFile( )
    readFile( )
except Exception as err:
    print(err)
```

实例 5-8 的运行结果如下。

```
0
3
2
5
12abc
```

程序首先利用"wt+"打开文件，此时文件指针的位置为 0，写入"123"后文件指针的位置为 3，fobj.seek(0,2)后文件指针的位置为 2，写入"abc"时从位置 2 开始写，因此"a"会覆盖原来的"3"，写完后的结果为"12abc"，此时文件指针的位置为 5，文件读/写结束。文件指针位置变化如表 5-2 所示。

表 5-2　文件指针位置变化

操　作	位置与指针					
fobj.write("123")	1	2	3			
				↑		

续表

操　作	位置与指针					
fobj.seek(2,0)	1	2	3			
			↑			
fobj.write("abc")	1	2	a	b	c	
						↑

任务实施

根据任务分析，编写本任务实现代码如下：

```
booklist = []
file=open('computer_books_info1.txt', 'r')
while True:
    line = file.readline( ).split('\t')  # 读取一条信息的第一行
    if line == ['']:  # 读取完毕
        break
    else:
        namelen2=40-(len(line[2].encode('gbk'))-len(line[2]))
        namelen3=30-(len(line[3].encode('gbk'))-len(line[3]))
        namelen4=30-(len(line[4].encode('gbk'))-len(line[4]))
        newline=f'{line[0]}\t{line[1]}\t{line[2].ljust(namelen2)}\t\
        {line[3].ljust(namelen3)}\t{line[4].ljust(namelen4)}\t{line[5]}'
        print(newline)
        booklist.append(line)
# 查找图书
file.close( )
tag=True
while tag:
    book=input('请输入要查看的图书名称（输入0时退出查找）：')
    if book != '':
        if book=='0':
            tag=False
        else:
            flag = 0  # 标记是否为信息头
            for f in booklist:
                if f[2].find(book) >= 0:
                    if flag == 0:  # 如果为信息头，输出标题
                        namelen2 = 10-(len(booklist[0][2].encode('gbk'))-len
(booklist[0][2]))
                        namelen3 = 30-(len(booklist[0][3].encode('gbk'))-len
(booklist[0][3]))
                        namelen4 = 40-(len(booklist[0][4].encode('gbk'))-len
(booklist[0][4]))
                        newline = f'{booklist[0][0]}\t{booklist[0][1]}\
t{booklist [0][2].ljust(namelen2)}\t\

{booklist[0][3].ljust(namelen3)}\t{booklist[0][4].ljust (namelen4)}\
t{booklist[0][5]}'
```

```
                print('\n', newline)
                flag = 1
            namelen2 = 40-(len(f[2].encode('gbk'))-len(f[2]))
            namelen3 = 30-(len(f[3].encode('gbk'))-len(f[3]))
            namelen4 = 10-(len(f[4].encode('gbk'))-len(f[4]))
            newline =f'{f[0]}\t{f[1]}\t{f[2].ljust(namelen2)}\t\
            {f[3].ljust(namelen3)}\t{f[4].ljust(namelen4)}\t{f[5]}\t'
            print(newline)
else:
    print('请输入图书名称！')
```

输出图书信息及查询图书信息的结果如图 5-2 所示。

序号	评分	书名	作者	出版社	投票
1	9.9	疯狂的程序员	绝影	人民邮电出版社	1856
2	9.9	Java高并发编程详解	汪文君	机械工业出版社	18
3	9.9	计算机系统要素	NoamNisan	电子工业出版社	167
4	9.9	Java语言程序设计（基础篇）	[美]梁勇（Y.DanielLiang）	机械工业出版社	75
5	9.8	Vim实用技巧（第2版）	[英]DrewNeil	人民邮电出版社	52
6	9.8	Linux环境编程：从应用到内核	高峰	机械工业出版社	22

请输入要查看的图书名称（输入0时退出查找）：*计算机*

序号	评分	书名	作者	出版社	投票
3	9.9	计算机系统要素	NoamNisan	电子工业出版社	167
14	9.7	深入理解计算机系统（英文版·第3版）	RandalE.Bryant	机械工业出版社	59
81	9.5	计算机网络	(荷)AndrewS.Tanenbaum	机械工业出版社	103
90	9.5	计算机科学概论	(美)NellDale	机械工业出版社	190
128	9.5	计算机组成与设计（原书第5版）	戴维A.帕特森(DavidA.Patterson)	机械工业出版社	152

图 5-2　输出图书信息及查询图书信息的结果

任务总结

“文件”是指一组相关数据的有序集合，这个数据集的名称叫作文件名。文件在进行读/写操作之前要首先打开，使用完毕要关闭。当打开一个文件进行读/写操作时，若文件不存在，则会出现错误。可使用读字符函数 read( )，读取文件内容。

任务检测

（1）打开已经存在的文本文件，在原有文件内容的末尾添加信息，则打开文件的合适方式为＿＿＿＿＿＿。

A. "r"　　B. "w"　　C. "a"　　D. "w+"

（2）利用下列＿＿＿＿＿＿方式打开文件时，若文件不存在，则文件打开失败，程序会报错。

A. "r"　　B. "w"　　C. "a"　　D. "w+"

（3）下列关于语句 f=open("demo.txt","r")的说法中，错误的是＿＿＿＿＿＿。

A. demo.txt 文件必须已经存在

B. 只能从 demo.txt 文件中读数据，不能向该文件中写数据

C. 只能向 demo.txt 文件中写数据，不能从该文件中读数据

D. "r"方式是默认的文件打开方式

任务26 建立并读取学生信息文件——将内容写入指定文件

任务描述

输入一些学生的信息，包括学号、姓名、性别和年龄，例用 pickle 模块将信息存入 students.txt 文件中，然后再将所有人的信息读取出来，并按照学号从小到大的顺序显示，每一行显示一位学生的信息。

任务分析

因为学生人数未知，所以以输入学号 0 作为结束。将输入的学生信息组成一个元组并写入数据文件，再从该文件中将记录读取出来放入一个列表中，利用列表按照学号从小到大的顺序进行排序。

知识准备

5.4 写文本文件

1. write( )函数

write( )函数的功能是把一个字符写入指定的文件中，函数调用的形式为:

```
文件对象.write(s)
```

其中，s 是待写入的字符串。对于 write( )函数的使用说明如下。

被写入的文件可以以写模式、追加模式打开，用写模式打开一个已存在的文件时将清除原有的文件内容，写入字符从文件开始位置开始。如需保留原有文件内容，并希望写入的字符从文件末尾开始存放，则必须以追加模式打开文件。

每写入一个字符串，文件指针就向后移动到字符串末尾，指向下一个待写入的位置。

【实例 5-9】把一个字符串存放在文件中。

```
try:
fobj=open("c:\\abc.txt","wt")
fobj.write("abcxyz")
```

```
    fobj.close( )
except Exception as err:
    print(err)
```

实例 5-9 运行后，abc.txt 文件的内容是:

```
abcxyz
```

【实例 5-10】打开 abc.txt 文件，用追加模式写入另外一个字符串。

```
try:
fobj=open("c:\\abc.txt","at")
fobj.write("\nmore")
fobj.close( )
except Exception as err:
print(err)
```

如果原来 abc.txt 文件的内容是"abcxyz"，那么现在变成两行:

```
abcxyz
more
```

其中，在写入时"\n"是换行符号，即换一行继续写"more"，因此文件中的内容变成两行。

2. with 语句

文件使用完后，要及时将其关闭，如果忘记关闭文件，则可能会出现意想不到的问题。另外，如果在打开文件时抛出了异常，那么将导致文件不能被及时关闭。为了更好地避免此类问题的发生，可以使用 Python 提供的 with 语句，以实现在处理文件时，无论是否抛出异常，都能保证在 with 语句执行完毕后关闭已经打开的文件。

with 语句的语法格式如下:

```
with expression as target:
    with-body
```

参数说明:

expression: 用于指定一个表达式，这里可以是用于打开文件的 open( )函数。

target: 用于指定一个变量，并且将 expression 的结果保存到该变量中。

with-body: 用于指定 with 语句体，语句体中可以是执行 with 语句后相关的一些操作语句。

5.5 二进制文件

所有文件在本质上都是二进制文件，因为文件存储的就是一串二进制数据。文本文件也是二进制文件，只不过存储的二进制数据能够通过一定的编码转为我们认识的字符而已。

二进制文件在打开模式中使用"b"来表示，文件打开方式如表 5-3 所示。

表 5-3 二进制文件打开方式

文件打开方式	意 义
rb	只读模式打开一个二进制文件，只允许读数据。如果文件存在，则打开后可以顺序读；如果文件不存在，则打开失败

续表

文件打开方式	意　义
wb	只写模式打开或建立一个二进制文件，只允许写数据。如果文件不存在，则建立一个空文件；如果文件已经存在，则把原文件内容清空
ab	追加模式打开一个文本文件，并在文件末尾写数据。如果文件不存在，则建立一个空文件；如果文件已经存在，则把原文件打开，并保持原内容不变，文件指针指向末尾，新写入的数据追加在文件末尾
rb+	读/写模式打开一个二进制文件，允许读数据也允许写数据。如果文件存在，则打开后文件指针在文件的开始位置；如果文件不存在，则打开失败
wb+	读/写模式打开一个二进制文件，允许读数据也允许写数据。如果文件不存在，则创建该文件；如果文件存在，则打开文件后清空该文件内容，文件指针指向文件的开始位置
ab+	读/写模式打开一个二进制文件，允许读数据也允许写数据。如文件不存在，则创建该文件；如文件存在，则打开后不清空文件内容，文件指针指向文件的末尾位置

在二进制文件中可认为数据都是字节流，因此二进制文件不存在编码的问题，只有文本文件才存在编码问题。因为二进制文件是字节流，所以不使用 readlines( )这种读一行或读多行的函数，一般二进制文件使用 read( )函数读取，使用 write( )函数写入。

5.6　文件本质

文本文件只是在写入时才把文本按一定编码转为二进制数据以进行存储，在读取时首先读出二进制数据，再通过一定的编码转为文本。

【实例 5-11】读取文本文件中的二进制数据。

```
def writeFile( ):
    fobj = open("c:\\abc.txt", "wt")
    fobj.write("abc我们")
    fobj.close( )

def readFile( ):
    fobj = open("c:\\abc.txt", "rb")
    data=fobj.read( )
    for i in range(len(data)):
        print(hex(data[i]),end=" ")
    fobj.close( )

try:
    writeFile( )
    readFile( )
except Exception as err:
    print(err)
```

实例 5-11 的运行结果如下。

```
0x61 0x62 0x63 0xce 0xd2 0xc3 0xc7
```

由此可见，在文本文件中写入的"abc 我们"，存储在文件中的二进制数据是 0x61、0x62、0x63、0xce、0xd2、0xc3、0xc7 一共 7 字节。

如果采用二进制文件写入，那么 writeFile( )函数可以改为:

```
def writeFile( ):
    fobj = open("c:\\abc.txt", "wb")
    fobj.write("abc我们".encode("gbk"))
    fobj.close( )
```

其中，abc.txt 是以二进制模式"wb"打开的，因此 write( )函数的数据必须是二进制数据，而且要把字符串通过 GBK 编码转为二进制数据。

通常，文本文件的读/写规则如下。

（1）在写入字符串时，应把字符串按规定的编码转为二进制数据后再写入文件中。

（2）在读取字符串时，首先读取二进制数据，再把二进制数据按指定的编码转为字符串。

（3）在读取文件时把"\r" "\r\n" "\n"字符看作换行符号。

5.7 二进制模式读/写文本文件

二进制模式读/写文本文件。

1. 利用 GBK 编码读/写文件

【实例 5-12】通过 GBK 编码读/写文件，代码如下所示:

```
def writeFileA( ):
    fobj = open("c:\\abc.txt", "wb")
    fobj.write("abc我们".encode("gbk"))
    fobj.close( )

def writeFileB( ):
    fobj = open("c:\\xyz.txt", "wt")
    fobj.write("abc我们")
    fobj.close( )

def readFile(fileName):
    fobj = open(fileName, "rb")
    data=fobj.read( )
    for i in range(len(data)):
        print(hex(data[i]),end=" ")
    print( )
    fobj.close( )

try:
    writeFileA( )
    writeFileB( )
    readFile("c:\\abc.txt")
    readFile("c:\\xyz.txt")
except Exception as err:
    print(err)
```

实例 5-12 的运行结果如下。

```
0x61 0x62 0x63 0xce 0xd2 0xc3 0xc7
```

```
0x61 0x62 0x63 0xce 0xd2 0xc3 0xc7
```

由此可见，writeFileA( )函数与 writeFileB( )函数的功能是一样的。

2. 利用 UTF-8 编码读/写文件

【实例 5-13】利用 UTF-8 编码读/写文件，代码如下所示：

```
def writeFileA( ):
    fobj = open("c:\\abc.txt", "wb")
    fobj.write("abc我们".encode("utf-8"))
    fobj.close( )

def writeFileB( ):
    fobj = open("c:\\xyz.txt", "wt",encoding="utf-8")
    fobj.write("abc我们")
    fobj.close( )

def readFile(fileName):
    fobj = open(fileName, "rb")
    data=fobj.read( )
    for i in range(len(data)):
        print(hex(data[i]),end=" ")
    print( )
    fobj.close( )

try:
    writeFileA( )
    writeFileB( )
    readFile("c:\\abc.txt")
    readFile("c:\\xyz.txt")
except Exception as err:
    print(err)
```

实例 5-13 的运行结果如下所示。

```
0x61 0x62 0x63 0xe6 0x88 0x91 0xe4 0xbb 0xac
0x61 0x62 0x63 0xe6 0x88 0x91 0xe4 0xbb 0xac
```

由此可见，writeFileA( )函数与 writeFileB( )函数的功能是一样的。

任务实施

根据任务分析，编写并实现本任务的代码如下：

```
import pickle
with open("students.txt",'wb') as f:
    while True:
        print("根据提示录入相应信息，退出请输入0")
        id=int(input("请输入学号："))
        if id ==0:
            break
        name=input("请输入姓名：")
        sex=input("请输入性别：")
        age=int(input("请输入年龄："))
```

```
            print('************************')
            record=(id,name,sex,age)
            try:
                pickle.dump(record,f)
            except:
                print('写入文件异常！')
    with open('students.txt',"rb") as f:
        result=[]
        try:
            while True:
                record=pickle.load(f)
                result.append(record)
        except EOFError:
                pass
    result.sort( )
    print('学号','姓名','性别','年龄')
    for record in result:
        print(f'{record[0]}\t{record[1]}\t{record[2]}\t{record[3]}')
```

程序执行后，从键盘输入若干学生的信息，输入完成后信息全部保存到 students.txt 中。程序运行结果如图 5-3 所示。

```
根据提示录入相应信息，退出请输入0
请输入学号：10
请输入姓名：张三
请输入性别：男
请输入年龄：20
*************************
根据提示录入相应信息，退出请输入0
请输入学号：2
请输入姓名：李四
请输入性别：女
请输入年龄：21
*************************
根据提示录入相应信息，退出请输入0
请输入学号：6
请输入姓名：王五
请输入性别：男
请输入年龄：20
*************************
根据提示录入相应信息，退出请输入0
请输入学号：0
学号 姓名 性别 年龄
2    李四 女   21
6    王五 男   20
10   张三 男   20
```

图 5-3　程序运行结果

任务总结

write( )函数的功能是把一个字符写入指定的文件中。通常，二进制文件的内容使用 read( )函数读取，使用 write( )函数写入。文件的本质是二进制字节数据，即所有的文件都是二进制文件，文本文件只是在写入时把文本按一定的编码规则转为二进制数据进行存储，在读取时首先读取二进制数据，再通过一定的编码规则转为文本。

任务检测

（1）在一个文件中记录了 1000 个人的高考成绩总分，每一行信息长度是 20 字节，要想只读取最后 10 行的内容，不可能使用的函数是________。

A. seek( )　　B. open( )

C. read( )　　D. readline( )

（2）下列代码的输出结果是________。

```
f=open("e:\\out.txt",'w+')
f.write("Python")
f.seek(0)
c=f.read(2)
print(c)
f.close( )
```

A. Python　　B. Python

C. Py　　D. th

任务拓展

（1）编写程序，随机给出 20 道 100 以内的加减法计算题，分别保存为 timu.txt（仅保存题目）和 anwser.txt（仅保存答案）文件。

（2）编写程序，将 mulu.txt 文件中的书稿目录格式进行调整，在目录的二级标题前添加 2 个空格，三级标题前添加 4 个空格，同时删除目录后的页码。

项目 14　Python 目录操作

任务 27　统计高频单词——os 模块及其子模块 os. path

任务描述

统计一篇英文文章中前 10 个高频单词的出现次数，将高频单词和出现次数写入 wrodnum.txt 文件。

任务分析

打开文件后，可以一次性把文件中的全部内容读取出来，然后对字符串中的字符进行计数统计并写入文件中。

知识准备

在 Python 中，内置了 os 模块及其子模块 os.path，以用于对目录或文件进行操作。在使用 os 模块或 os.path 模块时，应首先使用 import 语句将其导入，然后才可以使用它们提供的函数或方法。

5.8　常用操作目录函数

os 模块提供了一些与目录相关的函数，这些函数及其说明如表 5-4 所示。

表 5-4　os 模块提供的与目录相关的函数及其说明

函　　数	说　　明
os.getcwd( )	返回当前进程的工作目录
os.chdir(path)	改变当前工作目录到指定的路径。如果允许访问则返回 True，否则返回 False
os.listdir(path)	返回指定路径下的文件和文件夹列表
os.mkdir(path[, mode])	以数字权限模式创建目录
os.remove(path)	删除指定路径的文件。如果指定的路径是一个目录，则抛出 OSError
os.renames(old, new)	递归重命名目录或文件
os.rename( )	重命名文件或目录
os.unlink(path)	删除文件，如果文件是一个目录则返回一个错误
os.walk(top[,topdown[, onerror]])	创建一个生成器，用以生成所要查找的目录及其子目录下的所有文件

os.path 模块也提供了一些与目录相关的函数，这些函数及其说明如表 5-5 所示。

表 5-5 os.path 模块提供的与目录相关的函数及其说明

函　　数	说　　明
abspath(path)	用于获取文件或目录的绝对路径
exists(path)	用于判断目录或文件是否存在，如果存在则返回 True，否则返回 False
join(path,name)	将目录与目录或文件名拼接起来
splitext( )	分离文件名和扩展名
basename(path)	从一个目录中提取文件名
dirname(path)	从一个路径中提取文件路径，不包括文件名
isdir(path)	用于判断指定路径是否存在

5.9 路径相关操作

1. 获取程序运行的当前路径

os 模块是 Python 内置的与操作系统功能和文件系统相关的模块。该模块的子模块 os.path 是专门用于进行路径操作的模块。常用的路径操作主要有判断目录是否存在、创建目录、删除目录和遍历目录等。

os 模块及其子模块 os.path 都属于内置模块，不需要安装，直接导入即可使用。在 Python 程序中，使用 import 语句导入 os 模块后，既可以使用 os 模块提供的属性和方法，又可以使用 os.path 模块提供的属性和方法。导入 os 模块的代码如下:

```
import os
```

如果在程序中，只涉及 os.path 模块的内容，则可以直接导入 os.path，导入 os.path 模块的代码如下:

```
import os.path
```

os.path.abspath(path)方法用于获取程序运行的当前路径。其中，abspath(path)以字符串形式作为返回平台的绝对路径，path 为指定的路径名称（字符型）。若 path 指定为“.”，则代表当前路径。

【实例 5-14】获取当前路径。

```
import  os  #导入os模块
print(os.path.abspath(os.path.curdir))  #返回当前绝对路径
```

实例 5-14 的运行结果如下:

```
F:\python5\6
```

2. 判断指定路径下是否存在文件

【实例 5-15】判断指定路径下是否存在文件。

```
import os
print(os.path.exists(r'd:\t1.txt'))
```

实例 5-15 的运行结果如下:

```
False
```

我们也可以通过 isfile( )方法直接判断。

【实例 5-16】利用 isfile( )方法判断文件是否存在。

```
import os  #导入os模块
print(os.path.isfile(r'd:\t1.txt')) #用isfile( )方法判断文件是否存在
```

实例 5-16 的运行结果如下:

```
False
```

3. 判断指定路径是否存在

利用 isdir(path)方法判断指定路径是否存在。如果存在，则返回 True；如果不存在，则返回 False。

【实例 5-17】判断指定路径是否存在。

```
import os
print(os.path.isdir("d:\\files"))
```

实例 5-17 的运行结果如下:

```
True
```

4. 建立文件夹（子路径）

利用 os 模块的 makedirs(path)方法可以建立对应的文件夹。其中，path 为字符串形式的需要建立的路径。若建立不成功，则抛出 OSError 出错信息；若建立成功，则在对应的路径下建立新的文件夹。

【实例 5-18】在 D 盘建立 files 文件夹。

```
import os
print(os.makedirs("d:\\files")) #在D盘建立files文件夹
```

实例 5-18 的运行结果如下:

```
None
```

建立子路径成功且无返回值，说明已经建立了文件夹。

任务实施

根据任务分析，本任务代码设计如下:

```
import os
if not os.path.exists('words.txt'):
    print("文件不存在！！！")
    exit( )
else:
    with open('words.txt','r') as f:
        s=f.read( )
s = s.lower( )
for ch in '\'\",?.:( )/-':
    s=s.replace(ch,' ')
words=s.split( )
counts={}
for word in words:
    counts[word]=counts.get(word,0)+1
items=list(counts.items( ))
items.sort(key=lambda x:x[1],reverse=True)
fo=open('wordnum.txt','w',encoding='utf-8')
for i in range(10):
    word,count=items[i]
    fo.write(f'单词：{word}\t出现次数：{str(count)}\n')
```

```
    fo.close( )
```

程序运行结果如图 5-4 所示。

wordnum.txt - 记事本
文件(F) 编辑(E) 格式(O) 查看(V) 帮助(H)
单词：you 出现次数：8
单词：application 出现次数：7
单词：an 出现次数：5
单词：if 出现次数：5
单词：packages 出现次数：4
单词：to 出现次数：4
单词：in 出现次数：4
单词：install 出现次数：4
单词：be 出现次数：3
单词：a 出现次数：3

图 5-4 程序运行结果

任务总结

os 模块提供了一些与操作目录相关的函数。

任务检测

（1）使用 open(“f1.txt” ,'a')打开文件时，若文件不存在，则＿＿＿＿＿＿＿＿＿＿。

（2）文件对象的 readlines( )方法是从文件中读入所有的行，将读入的内容放入一个列表中，列表中的每一个元素是文件的＿＿＿＿＿＿＿＿＿＿。

（3）文件对象的＿＿＿＿＿＿＿＿＿＿方法用来把缓冲区中的内容写入文件，但不关闭文件。

（4）os 模块中的＿＿＿＿＿＿＿＿＿＿方法用来返回指定路径下的文件。

任务拓展

统计文件 ips.txt 中出现频率排名前 15 名的 IP 地址，将 IP 地址及其出现的次数写入 ipcount.txt 文件。

任务 28 自动清理计算机中的重复文件——常用目录及文件操作

任务描述

给定一个文件夹，使用 Python 编写一个小程序，用于检查给定的文件夹下有无重复文件，若存在重复文件则将其删除。

任务分析

遍历获取给定文件夹下的所有文件，利用嵌套循环以两两比较文件是否重复，如果重复则删除后者。如何判断两个文件是否重复？我们使用 Python 自带的 filecmp 模块。例如，filecmp.cmp(f1, f2, shallow=True)比较名为 f1 和 f2 的文件，如果它们相等则返回 True，否则返回 False，如果 shallow 为真，那么具有相同 os.stat( )签名的文件将会被认为是重复的，否则，将比较文件的内容。

知识准备

5.10 相对路径与绝对路径

1．相对路径

在学习相对路径之前，应首先了解什么是当前工作目录。当前工作目录是指当前文件所在目录。在 Python 中，可以通过 os 模块提供的 getcwd( )方法获取当前工作目录。

【实例 5-19】在“f:\python5\6\demo.py”文件中，编写以下代码:

```
import os
print(os.getcwd( ))  #输出当前目录
```

执行上述代码，将显示以下目录，该目录就是当前工作目录。

```
F:\python5\6
```

相对路径依赖当前工作目录。如果在当前工作目录下，有一个名为 file.txt 的文件，那么打开这个文件时，就可以直接使用文件名，这时采用的就是相对路径，file.txt 文件的实际路径就是当前的工作目录（“F:\python5\6”）再加上相对路径，即“F:\python5\6\file.txt”。

2．绝对路径

绝对路径是指在使用文件时指定文件的实际路径，它不依赖于当前工作目录。在 Python 中，可以通过 os.path 模块提供的 abspath( )方法获取一个文件的绝对路径。abspath( )方法的语法格式如下:

```
os.path.abspath(path)
```

参数说明:

path: 要获取绝对路径的相对路径，可以是文件也可以是目录。

该方法的返回值为获取到的绝对路径。

【实例 5-20】获取相对路径对应的绝对路径。

使用 abspath( )方法获取相对路径“file.txt”的绝对路径:

```
import os
print(os.path.abspath("file.txt")) #获取绝对路径
```

如果当前工作目录为“F:\python5\6”，则结果如下:

```
F:\python5\6\file.txt
```

5.11 拼接路径

如果要将两个或多个路径拼接组成一个新的路径，则可以使用 os.path 模块提供的 join( )方法来实现。

join( )方法的语法格式如下:

```
os.path.join(path,*path)
```

参数说明:

path: 要拼接的文件路径。

*path: 要拼接的多个文件路径，这些路径间使用逗号进行分隔。如果在要拼接的路径中没有一个绝对路径，那么最后拼接出来的就将是一个相对路径。

该方法的返回值为拼接后的路径。

说明:

使用 os.path.join( )方法拼接路径时，并不会检测该路径是否真实存在。

【实例 5-21】 拼接绝对路径和相对路径。

使用 join( )方法将绝对路径"f:\python5"和相对路径"6\file.txt"拼接到一起，代码如下:

```
import os    #导入os模块
print(os.path.join(r"f:\python5",r"6\file.txt")) #拼接
```

实例 5-21 运行结果如下:

```
f:\python5\6\file.txt
```

5.12 利用 walk( )方法遍历目录树

walk( )方法用于遍历目录树，其语法格式如下:

```
os.walk(top,topdown=True,onerror=None,followlinks=False)
```

参数说明:

top: 需要遍历内容的根目录。

topdown: 可选参数，需要遍历的顺序。如果值为 True，则表示自上而下遍历（首先遍历根目录）; 如果值为 False，则表示自下而上遍历（首先遍历最后一级子目录），默认值为 True。

onerror: 可选参数，错误处理函数。

followlinks: 若设置为 True，则通过软链接访问目录。

该方法的返回值为返回一个包括三个元素（dirpath、dirnames、filenames）的元组生成器对象，其中 dirpath 表示当前遍历的路径，是一个字符串; dirnames 表示当前路径下包含的子目录，是一个列表; filenames 表示当前路径下包含的文件，是一个列表。

【实例 5-22】 遍历并显示某个目录中的所有文件夹和文件列表，代码如下:

```
import os #导入os模块
```

```
#遍历目录中的所有文件夹和文件列表
for root,dirs,files in os.walk(".",topdown=False):
    for name in files: #遍历文件
        print(os.path.join(root,name))
    for name in dirs:#遍历目录
        print(os.path.join(root,name))
```

实例 5-22 的运行结果如图 5-5 所示。

```
.\os_path.py
.\student.dat
.\student.py
.\student.txt
.\walk_path.py
.\wordnum.txt
.\words.py
.\words.txt
.\write_text.py
```

图 5-5　实例 5-22 的运行结果

5.13　利用 remove( )方法删除文件

remove( )方法用于删除指定路径的文件，其语法格式如下:

```
os.remove(path,*,dir_fd=None)
```

参数说明:

path: 需要删除的路径(删除的路径不能是目录，如果是目录，则抛出 IsADirectoryError 异常。目录需要使用 os.rmdir( )方法删除)。

dir_fd: 打开文件描述符的路径。默认值为 None。

该方法无返回值。

【实例 5-23】 删除指定文件。

使用 remove( )方法删除指定路径下的文件，代码如下:

```
import os
os.remove(r'f:\file.txt')
```

运行上述代码，f:\file.txt 文件将被删除。

5.14　利用 filecmp.cmp( )方法比较文件、目录

filecmp.cmp( )方法用于对文件和目录进行简单的比较，其语法格式如下:

```
filecmp.cmp(f1, f2, shallow=True)
```

参数说明:

f1、f2: 将要比较的两个文件。

shallow: shallow 的默认值为 True，只根据 os.stat( )方法返回的文件基本信息进行对比，如最后访问时间、修改时间、状态改变时间等，但忽略对文件内容进行对比，如果相同就返回 True; 当 shallow 为 False 时，则 os.stat( )方法与文件内容同时进行校验。使用 shallow 参数可以快速地比较文件是否被修改过。

该方法的返回值为被比较的文件 f1 和文件 f2 相同时返回 True，否则返回 False。

【实例 5-24】比较两个文件是否相同。

使用 filecmp.cmp( )方法比较两个文件是否相同，代码如下:

```
    import filecmp
    r = filecmp.cmp('F:\\temp\\py\\bisect2.py', 'F:\\temp\\py\\bisect2.
py')
    print(r)
    r = filecmp.cmp('F:\\temp\\py\\bisect2.py', 'F:\\temp\\py\\cal_1.py')
    print(r)
```

实例 5-24 的运行结果如下:

```
    True
    False
```

任务实施

根据任务分析，本任务代码如下:

```
    import os                                              #导入os模块
    import filecmp                                         #导入filecmp模块
    import time                                            #导入time模块
    str='批量重复文件整理程序'
    print(str.center(30,'*'))
    dir_path = r'f:\files'                                 #定义扫描重复文件的目录
    file_lst = []                                          #定义空列表
    start_time=time.time( )                                #开始扫描时间
    for root,dirs,files in os.walk(dir_path,topdown=True): #遍历路径、目录、
文件名
        for name in files:
            file_name=os.path.join(root,name)      #拼接路径、文件名
            if os.path.isfile(file_name):          #判断是否为文件
                file_lst.append(file_name)         #把文件追加到列表
    for x in file_lst:
        for y in file_lst:
            if x != y and os.path.exists(x) and os.path.exists(y): #判断文
件是否存在及重复
                if filecmp.cmp(x, y):                #比较两个文件是否重复
                    os.remove(y)                     #删除重复的文件
    end_time=time.time( )
    total_time=end_time-start_time                   #记录运行时间
    print(f'重复文件整理完成！\n共用时{total_time}秒')
```

任务总结

相对路径依赖当前工作目录，绝对路径是指在使用文件时指定文件的实际路径，它不依赖当前工作目录。可以将两个或多个路径拼接组成一个新的路径。walk( )方法可以用于遍历目录树。

任务检测

（1）假设有一个英文文本文件，编写程序读取其内容，并将其中的大写字母转变为小写字母，小写字母转变为大写字母，其余不变。

（2）编写程序，要求用户输入一个目录和一个文件名，搜索该目录及其子目录中是否存在该文件。

任务拓展

编写程序，按照输入的时间进行文件查找，将符合该时间段的照片按照输入的地点名批量重命名。

异常处理

模块概述

异常是指程序在运行过程中发生的错误或不正常的情况。在程序运行的过程中，发生异常是难以避免的事情。通常，异常对程序员来讲是一件很麻烦的事情，需要程序员对其进行检测和处理。但 Python 非常人性化，它可以自动检测异常、对异常进行捕获，并且可以通过程序对异常进行处理。

本模块将详细介绍在 Python 中如何处理异常。

学习目标

了解 Python 程序产生异常主要的原因，掌握在 Python 中捕获异常及调试的常用方法。通过具体实例，掌握在 Python 中正确处理异常的具体应用，并提高解决问题的能力。

知识框架

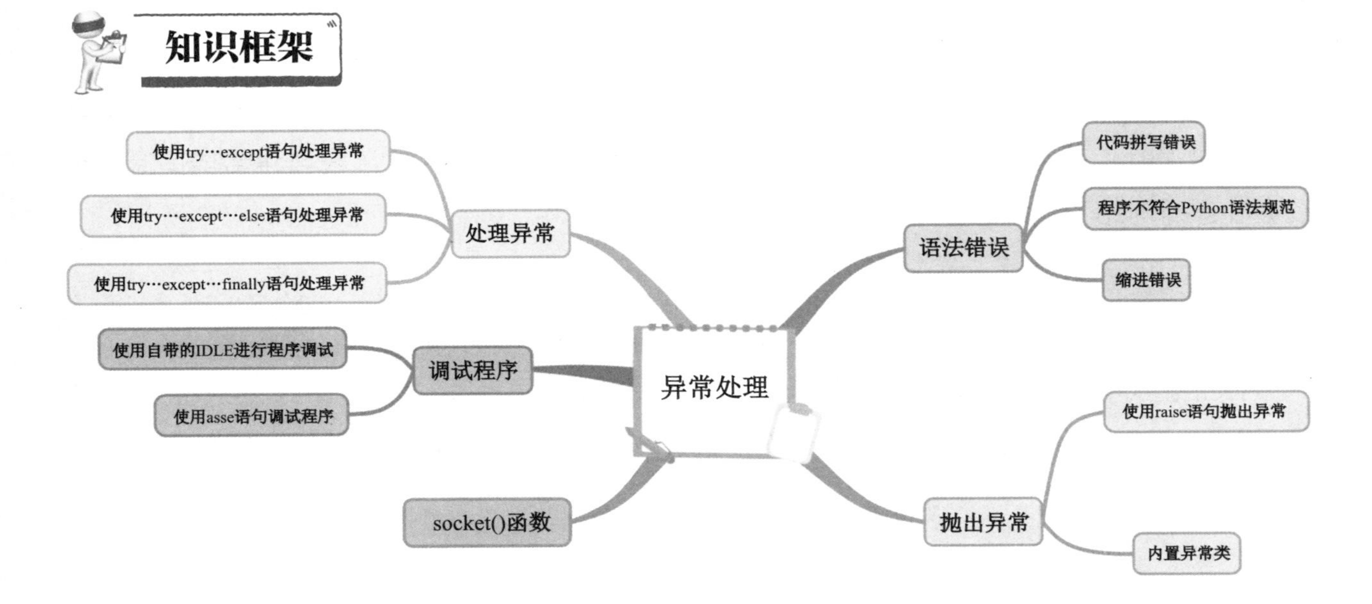

项目 15 Python 异常处理

任务29 网络端口扫描器——异常处理应用

任务描述

请编写一段程序，对一个 IP 段或单个 IP 主机进行网络端口扫描，以判断端口是否开放，如果端口开放则打印端口开放信息，对网络主机不存在或主机、端口关闭的状态产生的报错不做任何处理。

任务分析

通过用户输入的 IP、IP 段或端口进行遍历，利用 Python 内置函数 socket( )与目标端口进行 socket 连接，如果能够连接上则可判断该端口为开放，反之则为关闭。

知识准备

6.1 语法错误

在编写 Python 程序过程中，语法错误是一种常见的错误，通常是指程序的写法不符合编程语言的规定。在 Python 中，最为常见的语法错误有如下几种。

1. 代码拼写错误

在编写 Python 程序的过程中，关键字、变量名或函数名可能会出现拼写错误。当关键字拼写错误时，系统会提示 SyntaxError（语法错误）；当变量名、函数名拼写错误时，系统会在运行时给出 NameError 的错误提示。

【实例 6-1】代码拼写错误。

```
for i in range(3):                    #遍历操作
    prtnt(i)                          #print错误的写成了prtnt
```

在上述代码中，Python 中的输出函数名 print 被错误地写成了 prtnt。程序执行后会显示 NameError 错误提示，并同时提示错误所在具体行数等信息。实例 6-1 的运行结果如图 6-1 所示。

```
F:\python_code\venv\Scripts\python.exe F:/python_code/7/pin.py
Traceback (most recent call last):
  File "F:/python_code/7/pin.py", line 2, in <module>
    prtnt(i) #print错误的写成了prtnt
NameError: name 'prtnt' is not defined

Process finished with exit code 1
```

图 6-1　实例 6-1 的运行结果

2. 程序不符合 Python 语法规范

在编写 Python 程序的过程中，经常会发生程序不符合 Python 语法规范的情形。例如，少写了括号或冒号，以及写错了表达式等。请查看如图 6-2 所示的不符合语法规范的代码。

```
>>> if True
...     print('I love python!')
...
  File "<input>", line 1
    if True
          ^
SyntaxError: invalid syntax
```

图 6-2 不符合语法规范的代码

在如图 6-2 所示的例子中，系统检查到 if 语句有错误，出错的原因是 if True 后面缺少了冒号“:”，系统在执行界面中的错误的位置处标记了一个小箭头。

3. 缩进错误

Python 语言的语法比较特殊，其中最大的特色是将缩进作为程序的语法，采用代码缩进和冒号来区分代码之间的层次。虽然缩进的数量是可变的，但是所有代码块语句必须包含相同的缩进数量，这个规则必须严格执行。例如，下面一段合法缩进的演示代码:

```
if True:
    print('I Love Python!')     #缩进一个tab的占位
    print('hello world!')      #缩进一个tab的占位
```

Python 语言对代码缩进的要求非常严格，如果不采用合法的缩进，将会抛出 SyntaxError 异常。请看如图 6-3 所示的代码，这是以下一段错误缩进的代码报错信息。

```
if True:
    print('I Love Python!')     #缩进一个tab的占位
      print('hello world!')    #缩进二个空格
print("END")
```

```
    print('hello world!')
                         ^
IndentationError: unindent does not match any outer indentation level
```

图 6-3 代码没有正确缩进出现的报错信息

6.2 处理异常

如果在程序的运行过程中引发了未进行处理的异常，程序就会因为异常而终止运行。只有在程序中捕获了这些异常并进行相关的处理，才不会中断程序的运行。

1. 使用 try…except 语句处理异常

在 Python 中，可以使用 try…except 语句处理异常。在处理时需要检测 try 语句块中的错误，从而让 except 语句捕获异常信息并处理。如果不想在异常发生时结束程序，则只需在 try 语句块中捕获它即可。使用 try…except 语句处理异常的基本语法格式如下:

```
try:
    <语句块1>
```

```
    except [ExceptionName[as alias]]:
        <语句块2>
```

参数说明:

语句块 1: 可能出现错误的代码块。

ExceptionName[as alias]: 可选参数，用于指定需要捕获的异常，其中 ExceptionName 表示要捕获的异常名称，如果在其右侧加上 as alias，则表示为当前的异常指定一个别名，通过该别名，可以记录异常的具体内容。

说明:

except 后面如果不指定异常的名称，则表示捕获全部异常。

语句块 2: 进行异常处理的代码块。在这里可以输出固定的提示信息，也可以通过别名输出异常的具体内容。

说明:

使用 try…except 语句处理异常后，当程序出错时，在输出错误信息后，程序会继续执行。

【实例 6-2】使用 try…except 语句处理异常。

```
s='I Love Python!'   #设置变量s的初始值
try:
    print(s[100])     #错误代码
except:              #处理异常
    print('Error! ') #定义的异常提示信息
print('continue')
```

在上述代码中第 3 行代码是错误的。当程序执行到第 2 句时发现 try 语句，进入 try 语句块执行时会引发异常（第 3 行代码），程序接下来会回到 try 语句层，寻找后面是否有 except 语句，当找到 except 语句后，会调用这个自定义的异常处理器。except 将异常处理完毕后，程序会继续往下执行。这种情况下，最后两个 print 语句都会被执行。实例 6-2 的运行结果如图 6-4 所示。

```
F:\python_code\venv\Scripts\python.exe F:/python_code/7/try-except.py
Error!
continue

Process finished with exit code 0
```

图 6-4　实例 6-2 的运行结果

在 Python 程序中，一个 try 语句可以包含多个 except 子句，以用来分别处理不同的特定的异常，但是最多只有一个分支会执行。

【实例 6-3】一个 try 语句包含多个 except 子句。

```
import sys                          #导入sys模块
try:
    f=open('file.txt')              #打开指定的文件
    s=f.readline( )                 #读取文件的内容
    i=int(s.strip( ))               #将读取的数据转换为整数
```

```
except OSError as err:                    #开始处理异常
    print(f'OS error:{err}')
except ValueError:                        #ValueError异常
    print('Could not convert data to an integer.')
except:                                   #未知异常
    print('Unexpected error:',sys.exc_info( )[0])
    raise
```

上述代码执行后将会出现 ValueError 错误，所以运行后的结果如图 6-5 所示。

```
F:\python_code\venv\Scripts\python.exe F:/python_code/7/try-except-exceept.py
Could not convert data to an integer.

Process finished with exit code 0
```

图 6-5　实例 6-3 的运行结果

2. 使用 try…except…else 语句处理异常

在 Python 中，可以使用 try…except…else 语句处理异常。其功能是当 try 语句块中没有发现异常时将执行 else 语句后的语句。

try…except…else 语句的语法格式如下:

```
try:
    <语句1>
except:
    <语句2>
…
else:
    <语句3> #如果没有异常发生，则执行这行语句
```

【实例 6-4】使用 try…except…else 语句处理异常。

```
try:
    a=int(input('请输入被除数: '))
    b=int(input('请输入除数: '))
    result=a/b
    print(result)
except BaseException as e:   #将错误命名为e
    print('出错了',e)
else:
    print('计算结果为: ',result)
```

当输入的被除数和除数正常相除时，将执行 else 语句，否则执行 except 以处理异常。分别输入正确的数值和出错的数值，运行的结果如图 6-6 所示。

```
F:\python_code\venv\Scripts\python.exe F:/python_code/7/try-except-else.py
请输入被除数: 100
请输入除数: 20
5.0
计算结果为:  5.0

Process finished with exit code 0
F:\python_code\venv\Scripts\python.exe F:/python_code/7/try-except-else.py
请输入被除数: 100
请输入除数: 0
出错了 division by zero

Process finished with exit code 0
```

图 6-6　实例 6-4 的运行结果

3. 使用 try…except…finally 语句处理异常

在 Python 程序中，可以使用 try…except…finally 语句处理异常。

try…except…finally 语句的语法格式如下:

```
try:
    <语句1>                                    #可能要发生异常的代码
except [ExceptionName[as alias]]:              #要处理的异常
    <语句2>
finally:                                       #异常处理语句
    <语句3>
```

在上述格式中，except 部分可以省略。无论异常发生与否，finally 中的语句都会被执行。

【实例 6-5】使用 try…except…finally 语句确保使用文件后能够关闭该文件。

```
try:
    f = open("f:/file.txt",'r')        #打开文件 file.txt
    content = f.readline( )            #读取一行数据
    print(content)
except BaseException as e:             #捕获异常
    print("文件未找到")
finally: #加入finally功能
    try:
        f.close( )                     #不管文件是否存在都执行关闭
        print("文件已经关闭! ")
    except BaseException as e:         #如果文件不存在，则捕获异常
        print("文件没打开,不需要关闭")
```

实例 6-5 的运行结果如图 6-7 所示。

```
I Love Python
文件已经关闭!
```

图 6-7　实例 6-5 的运行结果

上述实例代码中，在捕获异常代码中加入了 finally 代码块，该代码块的功能就是关闭文件，并输出一行提示信息。无论文件 file.txt 是否存在都要执行 finally 里的 f.close( )语句。

6.3　抛出异常

1. 使用 raise 语句抛出异常

在 Python 程序中，可以使用 raise 语句抛出一个指定的异常。

raise 语句的语法格式如下:

```
raise [ExceptionName[(reason)]]
```

其中，ExceptionName[(reason)]为可选参数，用于指定抛出的异常名称，以及对异常信息的相关描述。如果省略该参数，就会把当前的错误原样抛出。如果仅省略（reason），则在抛出异常时，不附带任何的异常描述信息。

也就是说，raise 语句有如下三种常用用法。

raise：单独一个 raise。该语句抛出当前上下文中捕获的异常（如在 except 块中），或者默认抛出 RuntimeError 异常。

raise 异常类名称：raise 后带一个异常类名称，表示抛出执行类型的异常。

raise 异常类名称（描述信息）：在抛出指定类型的异常的同时，附带异常的描述信息。

raise 语句抛出的异常通常使用 try…except（…finally）异常处理结构来捕获并进行处理。

【实例 6-6】使用 raise 语句抛出异常。

```
try:
    a = input("输入一个数：")
    #判断用户输入的内容是否为数字
    if(not a.isdigit( )):
        raise ValueError("a 必须是数字")
except ValueError as e:
    print("抛出异常：",repr(e))
```

实例 6-6 的运结果如图 6-8 所示。

```
输入一个数：
抛出异常： ValueError('a 必须是数字')
```

图 6-8　实例 6-6 的运行结果

可以看到，当用户输入的不是数字时，程序会进入 if 判断语句，并执行 raise 语句以抛出 ValueError 异常。但由于其位于 try 语句块中，所以 raise 抛出的异常会被 try 捕获，并由 except 块进行处理。

因此，虽然程序中使用了 raise 语句抛出异常，但程序的执行是正常的，手动抛出的异常并不会导致程序崩溃。

2. 内置异常类

在 Python 语言中内置定义了几个重要的异常类，开发过程中常见的异常都已经预定义好了，在交互环境中，可以使用 dir(__builtins__)命令显示所有的内置预定义异常类。在 Python 中，常用的内置预定义异常类如表 6-1 所示

表 6-1　常用的内置预定义异常类

异 常 类 型	含　义
AssertionError	当 assert 关键字后的条件为假时，程序运行会停止并抛出 AssertionError 异常
AttributeError	当试图访问的对象属性不存在时抛出的异常
IndexError	索引超出序列范围时会抛出此异常
KeyError	在字典中查找一个不存在的关键字时会抛出此异常
NameError	当尝试访问一个未声明的变量时会抛出此异常
TypeError	执行不同类型数据之间的无效操作时会抛出此异常
ZeroDivisionError	当除法运算中除数为 0 时会抛出此异常

6.4 调试程序

1. 使用自带的 IDLE 进行程序调试

在程序开发过程中，免不了会出现一些错误，既会有语法方面的错误，也会有逻辑方面的错误。语法方面的错误相对比较好检测，因为当程序中有语法错误时，程序会直接停止运行，同时 Python 解释器会给出错误提示。而对于逻辑方面的错误，可能并不太容易被发现，因为程序在运行时没有问题，只是运行结果是错误的。

当遇到程序有逻辑错误时，最好的解决方法就是对程序进行调试，即通过观察程序的运行过程，以及运行过程中变量（局部变量和全局变量）的值的变化，就可以快速找到引起运行结果异常的根本原因，从而可以解决逻辑错误。

掌握一定的程序调试方法，是每一名合格的程序员的必备技能。多数的集成开发工具都提供了程序调试功能。

在保证程序没有语法错误的前提下，使用 IDLE 调试程序的基本步骤如下。

（1）打开“Python Shell”窗口，单击“Debug”→“Debugger”，打开“Debug Control”窗口，在“Python Shell”窗口中会显示“[DEBUG ON]”，表示已经处于调试状态，如图 6-9 所示。

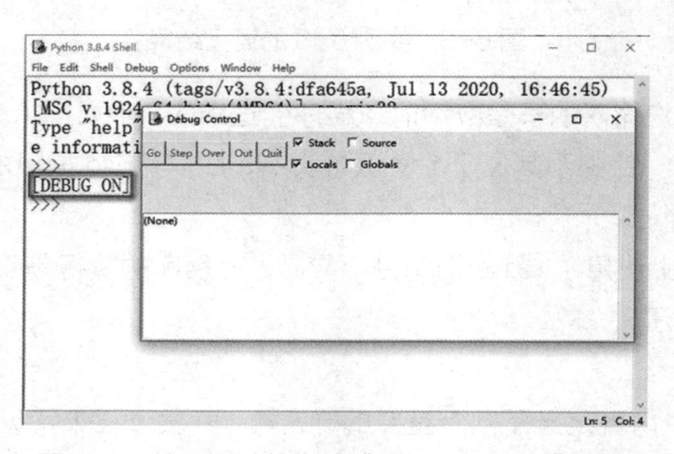

图 6-9 处于调试状态的“Python Shell”窗口

（2）在“Python Shell”窗口中，单击“File”→“Open”，打开要调试的程序文件，并在程序的代码中添加断点，其作用是当程序执行至断点位置时暂时中断执行。根据需要，还可以恢复执行程序。

在程序的代码中添加断点时，不能胡乱地添加，要有目的的添加。一般情况下，若要查看某个变量运行至某处代码时的值，就可以在该代码处添加一个断点。

向程序中添加断点的方法是：在想要添加断点的行上，单击鼠标右键，在弹出的快捷菜单中单击“Set BreakPoint”，已添加断点的代码行的背景会变为黄色，如图 6-10 所示。

（3）添加完断点后，可以按【F5】快捷键，或者在打开的程序文件菜单栏中单击“Run”→“Run Module”以执行程序，这时“Debug Control”窗口中将显示程序的执行信息，如

图 6-11 所示。

注意:

若勾选“Globals”复选框，则显示全局变量；在“Debug Control”窗口中默认只显示局部变量。

如图 6-11 所示中，调试工具栏中的 5 个按钮的作用分别如下。

Go 按钮：直接运行至下一个断点处。

Step 按钮：进入要执行的函数。

Over 按钮：单步执行。

Out 按钮：跳出当前运行的函数。

Quit 按钮：结束调试。

通过使用这 5 个按钮，可以查看程序执行过程中各个变量的值的变化，直至程序运行结束。程序调试完毕后，可以关闭“Debug Control”窗口，此时在“Python Shell”窗口中将显示“[DEBUG OFF]”，表示调试已经结束。

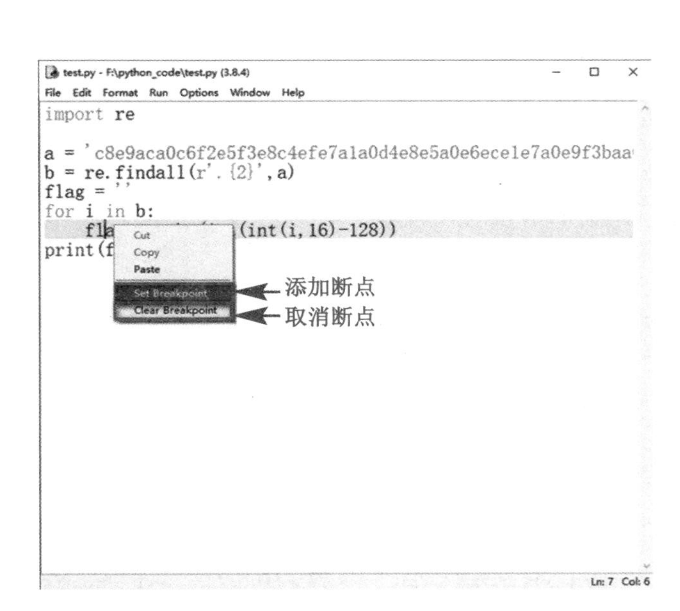

图 6-10　给代码添加断点

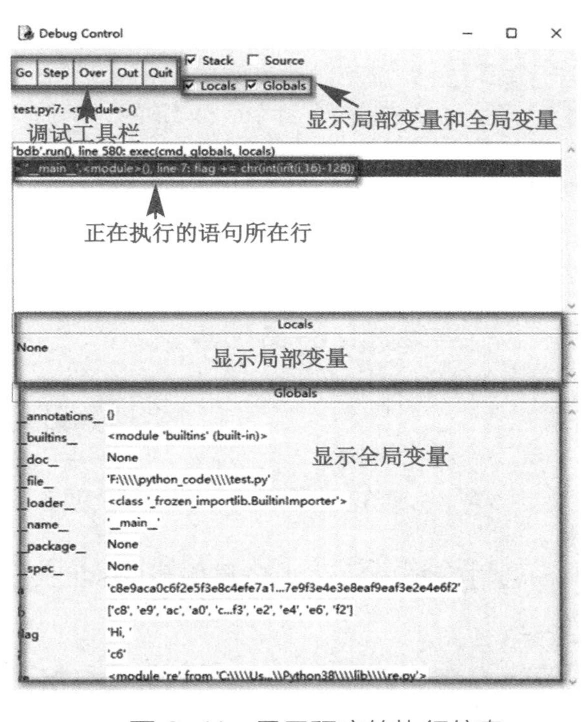

图 6-11　显示程序的执行信息

2. 使用 assert 语句调试程序

Python 提供了 assert 语句用于调试程序。assert 的中文意思是“断言”，它一般用于对程序在某个时刻必须满足的条件进行验证。assert 语句的语法格式如下:

```
    assert expression [,reason]
```

参数说明:

expression：条件表达式，如果该表达式的值为 True，则什么都不做，如果为 False，则抛出 AssertionError 异常。

reason：可选参数，用于对判断条件进行描述，其目的是为了以后更好地知道哪里出现了问题。

【实例 6-7】使用 assert 语句调试程序。

```
s_age = input("请输入您的年龄:")
age = int(s_age)
assert 20 < age < 80 , "年龄不在20至80"
print("您输入的年龄在20和80之间")
```

实例 6-7 的运行结果如图 6-12 所示。

```
请输入您的年龄:10
Traceback (most recent call last):
  File "F:/python_code/7/assert_demo.py", line 3, in <module>
    assert 20 < age < 80 , "年龄不在 20至80"
AssertionError: 年龄不在 20至80
```

图 6-12　实例 6-7 的运行结果

通过实例的运行结果可以看出，当 assert 中条件表达式的值为 False 时，程序将抛出异常，并附带异常的描述性信息，与此同时，程序立即停止运行。

通常情况下，assert 可以和 try…except 异常处理语句配合使用，以实例 6-7 为例：

```
try:
    s_age = input("请输入您的年龄:")
    age = int(s_age)
    assert 20 < age < 80 , "年龄不在20至80"
    print("您输入的年龄在20和80之间")
except AssertionError as e:
    print("输入年龄不正确",e)
```

运行结果如图 6-13 所示。

```
请输入您的年龄:10
输入年龄不正确 年龄不在 20至80
```

图 6-13　运行结果

通过在程序的适当位置使用 assert 语句判断变量或表达式的值，可以起到调试代码的作用。

当在命令行模式运行 Python 程序时，传入-O（注意是大写）参数，可以禁用程序中包含的 assert 语句，如图 6—14 所示。

```
(venv) F:\python_code\7>python -O assert_demo2.py
请输入您的年龄:10
您输入的年龄在20和80之间
```

图 6-14　禁用 assert 语句的运行结果

6.5　socket( )函数

1. socket( )函数介绍

socket 又称“套接字”，应用程序通常通过“套接字”向网络发出请求或应答网络请求，使主机之间或一台计算机中的进程之间可以通信。

在 Python 中，用 socket( )函数来创建套接字，语法格式如下:

```
socket.soc·ket([family[, type[, proto]]])
```

参数说明:

family: 套接字家族，可以使 AF_UNIX、AF_INET 或 AF_INET6。

type: 套接字类型，可以根据面向连接或非连接，分为 SOCK_STREAM（流套接字）或 SOCK_DGRAM（数据报文套接字）。

protocol: 一般不填，默认为 0。

在 Python 中，为了创建 TCP/IP 套接字，可以使用下面的代码调用 socket.socket( ):

```
tcpsock=socket.socket(socket.AF_INET,socket.SOCK_STREAM)
```

同样，在创建 UDP/IP 套接字时，需要执行如下所示的代码:

```
udpsock=socket.socket(socket.AF_INET,socket.sock_DGRAM)
```

在使用 socket 模块时，通常采用 import socket，或者 from socket import *的导入方式，后者把 socket 属性引入命名空间中，虽然这看起来有些麻烦，但是通过这种方式将能够大大缩短代码的编写量，如下面所示的代码:

```
tcpsock=socket(AF_INET,SOCK_STREAM)
```

一旦有了一个套接字对象（socket 对象），那么使用 socket 对象的方法就可以进行交互工作。

2. socket 对象的内置函数和属性

在 Pythony 的 socket 对象中，提供了如表 6-2 所示的内置函数。

表 6-2 socket 对象的内置函数

函　数	描　述
服务器端套接字	
s.bind(address)	绑定地址（host.port）到套接字，在 AF_INET 下，以元组（host.port）的形式表示地址
s.listen([backlog])	开始 TCP 监听。backlog 指定在拒绝连接之前，操作系统可以挂起的最大连接数量。该值至少为 1，大部分应用程序设为 5 就可以了
s.accept()	被动接收 TCP 客户端连接，（阻塞式）等待连接的到来
客户幅套接字	
s.connect(address)	主动初始化 TCP 服务器连接。通常，address 的格式为元组（hostname.port），如果连接出错，则返回 socket.error 错误
s.connect_ex(address)	connect()函数的扩展版本，出错时返回出错码，而不是抛出异常
公共用途的套接字函数	
s.recv(bufsize[,flags])	接收 TCP 数据，数据以字符串形式返回，bufsize 指定要接收的最大数据量，flags 提供有关消息的其他信息，通常可以忽略
s.send(bytes[,flags])	发送 TCP 数据，将字符串中的数据发送到连接的套接字。返回值是要发送的字节数量。该数量可能小于字符串的字节大小
s.sendall(bytes[,flags])	完整发送 TCP 数据，将字符串中的数据发送到连接的套接字，但在返回前会尝试发送所有数据。发送成功则返回 None，发送失败则抛出异常

续表

函　数	描　述
s.recvfrom(bufsize[,flags])	接收 UDP 数据，与 recv()类似，但返回值是（data.address）。其中，data 是包含接收数据的字符串，address 是发送数据的套接字地址
s.sendto(bytes,flags,address)	发送 UDP 数据，将数据发送到套接字，adress 是形式为（ipaddr,port）的元组，用于指定远程地址。返回值是发送的字节数
s.close()	关闭套接字
s.getpccrname()	返回连接套接字的远程地址，返回值通常是元组（ipaddr,port）
s.getsockname()	返回套接字自己的地址。通常是一个元组（ipaddr,port）
s.setsockopt(level.optname.value)	设置给定套接字选项的值
s.getsockopt(level.optname[.buflen])	返回套接字选项的值
s.settimeout(timeout)	设置套接字操作的超时期，timeout 是一个浮点数，单位是秒。返回值为 None 则表示没有超时期。通常，超时间应该在新创建套接字时设置，因为它们可能用于连接的操作（如 connect()）

除上述内置函数外，在 socket 模块中还提供了很多与网络应用开发相关的属性和异常，如表 6-3 所示。

表 6-3　socket 模块的属性和异常信息

属性名称	描　述
数据属性	
AF_UNIX、AF_INET、AF_INET6、AF_NETLINK、AF_TIPC	Python 中支持的套接字地址系列
SOCK_STREAM、SOCK_DGRAM	套接字类型
has_ipv6	是否支持 IPV6 的布尔标记
异　常	
error	套接字相关错误
herror	主机和地址相关错误
gaierror	地址相关错误
timeout	超时时间

【实例 6-8】创建可靠的、相互通信的“客户端/服务器”。

实例文件 ser.py 的功能是以 TCP 连接方式建立一个服务器端程序，它能够将接收到的信息直接发回客户端。文件 ser.py 的具体代码如下：

```
import socket                                   #导入socket模块
HOST=''                                         #定义变量HOST的初始值
PORT=10000                                      #定义变量PORT的初始值
#创建socket对象s，参数分别表示地址和协议类型
s=socket.socket(socket.AF_INET,socket.SOCK_STREAM)
s.bind((HOST,PORT))                             #将套接字与地址绑定
s.listen(1)                                     #监听连接
conn,addr=s.accept( )                           #接收客户端地址
print('客户端地址',addr)                         #显示客户端地址
while True:                                     #连接成功
    data=conn.recv(1024)                        #实行对话操作（接收/发送）
```

```
        print("获取信息: ",data.decode('utf-8'))  #显示获取的信息
        if not data:                              #如果没有数据
            break                                 #终止循环
        conn.sendall(data)                        #发送数据信息
    conn.close( )                                 #关闭连接
```

在上述实例的代码中，建立 TCP 连接之后使用 while 语句多次与客户端进行数据交换，直到接收的数据为空时才会终止服务器的运行。因为这只是一个服务器端程序，所以运行程序时不会立即返回交互信息，而是会等待和客户端建立连接，待与客户端建立连接后才能看到具体的交互效果。

实例文件 cli.py 的功能是建立客户端程序，在此需要创建一个 socket 实例，然后调用这个 socket 实例的 connect( )函数来连接服务器端，函数 connect( )的语法格式如下:

```
    connect(address)
```

参数“address”通常是一个元组（由一个主机名/IP 地址、端口构成）。如果要连接本地计算机，则主机名可直接使用“localhost”。connect( )函数能够将套接字连接到远程地址为“address”的计算机。

实例文件 cli.py 的具体代码如下所示:

```
    import socket                                 #导入socket模块
    HOST='localhost'                              #定义变量HOST的初始值
    PORT=10000                                    #定义变量PORT的初始值
    #创建socket对象s，参数分别表示地址和协议类型
    s=socket.socket(socket.AF_INET,socket.SOCK_STREAM)
    s.connect((HOST,PORT))                        #将套接字与地址绑定
    data='您好！'                                  #设置数据变量
    while data:
        s.sendall(data.encode('utf-8'))           #发送数据“您好”
        data=s.recv(512)                          #执行对话操作（接收/发送）
        print("获取服务器信息:\n",data.decode('utf-8'))  #显示获取的服务器信息
        data=input("请输入信息: \n")                #输入信息
    s.close( )                                    #关闭连接
```

上述代码使用套接字，以 TCP 连接方式建立一个简单的客户端程序，其基本功能是把从键盘录入的信息发送给服务器端，并从服务器端接收信息。实例 6-8 的运行结果如图 6-15 所示。

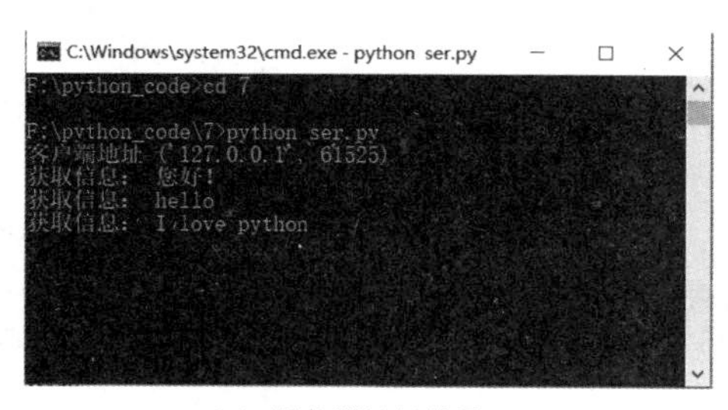

（a）服务端运行结果

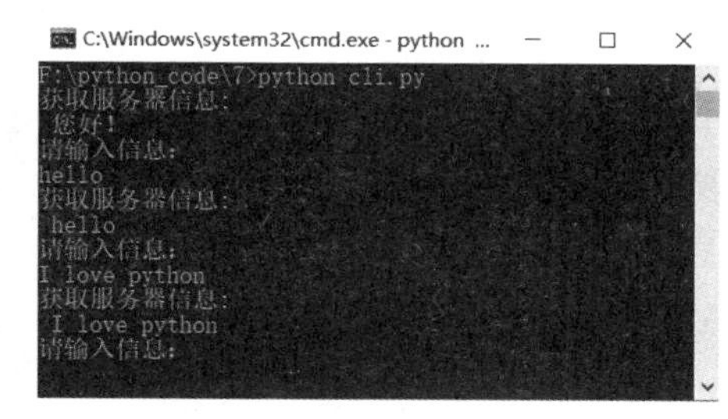

（b）客户端运行结果

图 6-15　实例 6-8 的运行结果

任务实施

根据任务分析，编写并实现本任务代码如下：

```
    import socket
    import time
    import sys
    from optparse import OptionParser
    from threading import  Thread
    def connect(ip,port):
        s = socket.socket(socket.AF_INET, socket.SOCK_STREAM) # 实例化
socket类
        try:
            s.connect((ip,int(port)))  # 连接目标主机，能连接得上即表示端口开放
            time.sleep(0.1)
            print(ip,port,"is open")
        except:
            pass                       # 若连接不上则直接停止
        finally:
            s.close( )                 # 无论是否能连接目标主机都关闭连接
    def main( ):
        parser = OptionParser("Usage:-i <ipaddres>-p <target port> -n
network")
    # 输出帮助信息
        parser.add_option("-i","--host",type="string",dest="tgtIP",
help="specify target ip")                                  # 接收IP参数
        parser.add_option("-p",'--port',type='string',dest='tgtPort',
help="specify target port")                                # 接收端口参数
        parser.add_option('-n','--network',type='string',dest=
'tgtNetwork',help='speify tartget segment')                # 接收网段参数
        options, args = parser.parse_args( )         # 实例化对象输入的参数
        tgtip = options.tgtIP
        tgtnetwork = options.tgtNetwork
        tgtport = options.tgtPort
        if tgtip is None and tgtnetwork is None:     # 判断用户是否输入参数
            print(parser.usage)
            sys.exit( )
        if tgtip:
            port = tgtport.split(",")        # 将端口以逗号为分隔符转换成列表
            for p in port:                   # 遍历列表以获取单个端口
                    connect(tgtip,p)
        if tgtnetwork:
            for i in range(1, 255):
                port = tgtport.split(",")  # 将端口以逗号为分隔符转换成列表
                prefix = tgtnetwork.split(".")[0] + '.' + tgtnetwork.
split(".")[1] + '.' + tgtnetwork.split(".")[2] + '.' # 通过切片的方式获取网段
地址前缀
                ip = prefix + str(i)   # 与IP地址前缀相结合构造网段扫描所需IP
                for p in port:
                    t = Thread(target=connect,args=(ip, p)) # 调用多线程以扫描
```

```
                t.start( )
                time.sleep(0.1)
if __name__ == '__main__':
    main( )
```

执行程序前需要在命令行窗口中输入以下代码：

```
python netscan.py -i 192.168.220.128  -p 20,22,23,23,25,80,3306
```

其中，定义-i 参数用于接收一个主机的 IP、-p 参数用于接收测试的端口。

执行程序后，端口扫描结果如图 6-17 所示。

```
(venv) F:\python_code\7>python netscan.py -i 192.168.220.128  -p 20,22,23,23,25,80,3306,3389
192.168.220.128 22 is open
192.168.220.128 23 is open
192.168.220.128 23 is open
192.168.220.128 25 is open
192.168.220.128 80 is open
192.168.220.128 3306 is open
```

图 6-17　端口扫描结果

任务总结

在 Python 中，最为常见的语法错误有代码拼写错误、程序不符合 Python 语法规范、缩进错误等。在 Python 中，可以使用 try…except 语句、try…except…else 语句、try…except…finally 语句处理异常。在 Python 中，可以使用 raise 语句抛出一个指定的异常。当遇到程序有逻辑错误时，最好的解决方法就是对程序进行调试。

任务检测

（1）编写程序，对输入数字求平方，如果平方结果小于 50 则退出。

（2）编写程序，将两个变量的值互换。

（3）编写程序，首先输入两个数，然后比较这两个数的大小。

任务拓展

（1）编写程序，当试图将一个字符串类型转换为指定的数字类型时，对可能出现的异常进行处理。

（2）编写程序，当读取数组数据时，对可能出现的数组下标溢出异常进行处理。

Python 面向对象编程

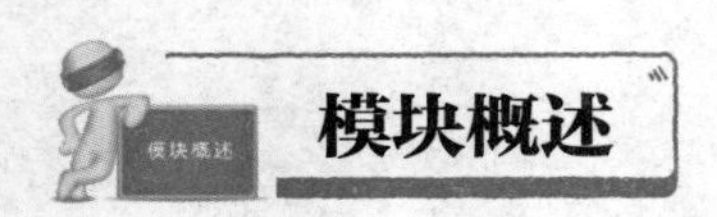

Python 是一门面向对象的编程语言。若要熟练掌握 Python，就要了解面向对象编程的知识。在使用 Python 编写程序时，首先应使用面向对象的思想来分析问题，并抽象出项目的共同特点。面向对象编程技术是软件开发的核心。

本模块详细介绍面向对象编程技术的基本知识。

了解 Python 面向对象基本术语，掌握类与对象，类的方法，对象初始化，类的封装、继承、多态等相关操作。通过具体实例，掌握面向对象在 Python 中的具体应用及提高解决问题的能力。

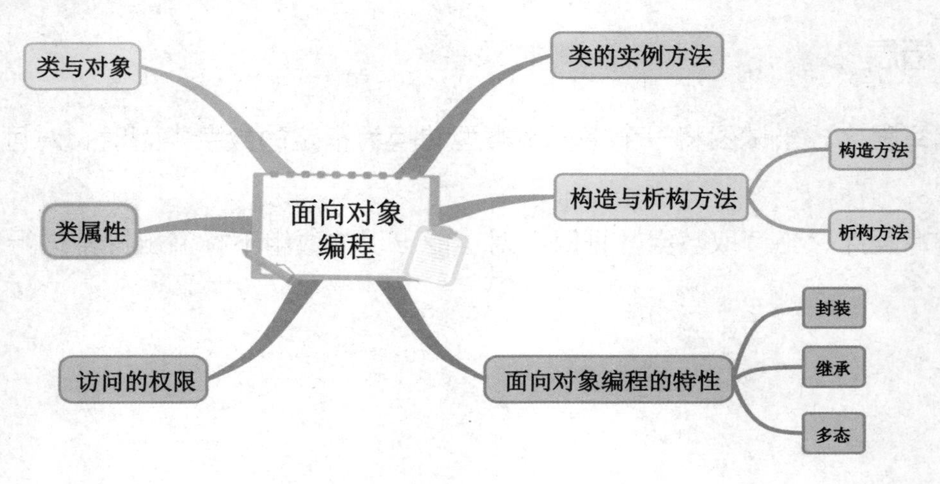

项目 16 Python 面向对象编程及其应用

任务 30 设计学生管理系统——面向对象编程

任务描述

定义一个学生类，其类属性为学号（stuId）、姓名（name）、年龄（age）、性别（gender）、专业（dept）、民族（nation）；定义一个管理系统类，其方法包括显示系统菜单（show_menu( )）、输入学生相关信息（getinfo( )）、添加学生信息（add_stus( )）、查询学生信息（find_stus( )）、修改学生信息（alter_stus( )）、删除学生信息（del_stus( )）、显示学生信息（show_stus）、退出（exit_stus( )）；同时能够实现添加用户信息、查询用户信息、修改用户信息、删除用户信息、显示用户信息、退出系统等功能。

任务分析

学号、姓名、年龄、性别、专业、民族属于实例具有的属性，因此可以在定义学生类（Student）时利用构造函数进行数据的初始化；创建管理系统类，以实现添加学生信息、删除学生信息、查询学生信息、显示学生信息、退出系统的方法；创建系统对象，利用 while True 循环实现管理学生信息系统的各种功能。

知识准备

7.1 类与对象

在 Python 中，把具有相同属性和方法的对象归为一个类，如可以将人类、动物和植物看作不同的“类”。简单地讲，类是对现实世界中一些事物的封装。定义一个类的语法格式如下:

```
class ClassName:
    语句块
```

参数说明:

class: 定义类的关键字。

ClassName: 类的名称。Python 规定，类的首字母无须大写。

注意:

类名后带有冒号；语句块要向右侧缩进；属性和方法在语句块中定义。

在 Python 中，定义好类后就可以进行实例化操作。类实例化后即可生成一个全局的类对象。例如，语句 p=Student( )，就是实例化类的操作，p 是 Student 类的一个实例对象，可以通过类对象来访问类中的属性和方法。

【实例 7-1】定义一个 Student 类。

```
class Student: # 定义类Student
    name='xiaoming' #定义类属性
    score=98        #定义类属性
    def print_score(self): #定义类方法print_score( )
        return('%s:%d'%(Student.name,Student.score))
p=Student( ) #实例化类Student
#访问类的属性与方法
print("类Student中的属性name为: ",p.name)
print("类Student中的方法print_score输出为: ",p.print_score( ))
```

实例 7–1 的运行结果如下:

```
类Student中的属性name为:  xiaoming
类Student中的方法print_score输出为:  xiaoming:98
```

7.2 类属性

类属性是指定义在类中，并且在类方法体外的属性。类属性可以在类的所有实例之间共享，即在所有实例化的对象中公用。可使用“类名.类变量名”或“实例对象.类变量名”的格式访问类属性。

【实例 7-2】定义类属性。

```
class Student:
    name = 'xiaoming'
    score = 98
```

上述代码定义了一个 Student 类，并为其定义了 name 和 score 属性，这两个属性的值分别为 xiaoming 和 98。可通过下面的两种方法来读取访问类的属性。

（1）使用类的名称，如 Student.name、Student.score。

（2）使用类的实例对象，如 p=Student( )是对象，那么 p.name、p.score 为其属性。

【实例 7-3】访问类属性。

```
class Student:              #定义类Student
    name = 'xiaoming'       #定义类属性
    score = 98              #定义类属性
p=Student( )                #实例化类Student
print(Student.name,Student.score)
print(p.name,p.score)
```

实例 7–3 的运行结果如下:

```
xiaoming 98
xiaoming 98
```

类属性是与类绑定的，被这个类所具有。如果要修改类的属性，就必须使用类名称访问它，而不能使用对象实例访问它。

【实例 7-4】访问类属性与建立实例属性。

```
class Student:          #定义Student类
    name = 'Tom'        #定义公共类属性name
    score = 92          #定义公共类属性score
p1=Student( )           #实例化对象p1
p2=Student( )           #实例化对象p2
print(Student.name,Student.score) #使用“类名.类变量名”的方式访问
print(p1.name,p1.score)                    #使用“实例对象.类变量名”的方式访问
print(p2.name,p2.score)                    #使用“实例对象.类变量名”的方式访问
Student.name="Jack"              #使用“类名.类变量名”对公共类属性值进行修改
p1.score=95                                #对实例对象p1的socre属性值进行修改
print(Student.name,Student.score)          #输出修改后公共类属性值
print(p1.name,p1.score)                    #输出修改后实例对象p1的属性值
print(p2.name,p2.score)                    #输出修改后实例对象p2的属性值
```

实例 7-4 的运行结果如下：

```
Tom 92     #使用“类名.类变量名”的方式访问并输出公共类属性值
Tom 92     #使用“实例对象.类变量名”的方式访问并输出实例对象p1的类属性值
Tom 92     #使用“实例对象.类变量名”的方式访问并输出实例对象p2的类属性值
Jack 92    #使用“类名.类变量名”对公共类属性值name进行修改
Jack 95    #实例对象p1以“实例对象.类变量名”方式修改其score为95
Jack 92    #输出实例对象p2类属性
```


通过“类名.类变量名”方式修改类属性，将对该类属性的公共模板进行修改，所有该类的类对象的类属性都是修改后的值。

在上述代码中通过对类的名称进行访问的方法修改了 name 属性：

```
Student.name="Jack"
```

那么，后面 p1、p2 对象实例访问到的 p1.name、p2.name 都是 Jack，而不是最初定义的 Tom。但是如果实例对象 p1，通过“实例对象.类变量名”的方式修改了 score 属性：

```
p1.score=95
```

则 Student.score、p2.score 仍然是 92，还是原来的类属性 score 的值，只有 p1.score 变成 95。这是怎么回事呢？原来在执行：

```
p1.score=95
```

时访问的不是类属性 score，而是为 p1 对象产生了一个 score 属性，即 p1.score 是一个只与 p1 对象绑定的属性，而不是类对象 Student.score。p2 没有这样的新的 score 属性，因此 p2.score 还是类 Student 的 score 属性。

Python 的实例具有结合任何属性的功能，只要执行：

```
对象实例.属性=....
```

为这个对象实例赋值，那么如果该对象实例存在这个属性，则这个属性的值就会被改变，但是如果不存在该属性，就会自动为该对象实例创建一个这样的属性。

7.3 访问的权限

在类的内部可以定义属性和方法，而在类的外部可以直接调用属性或方法来操作数据，

从而隐藏了类内部的复杂逻辑。为了保证类内部的某些属性或方法不被外部所访问，可以在属性名或方法名前面添加双下画线（如__name）或首尾均加双下画线（如__name__），以限制访问权限。其中，双下画线、首尾双下画线的作用如下。

（1）首尾双下画线表示定义特殊方法，一般是系统定义的名字，如__init__( )。

（2）双下划线表示 private（私有）类型的成员，只允许定义该方法的类对其进行访问，而且也不能通过类的实例进行访问，但是可以通过“类的实例名._类名__×××”方法访问。

前面 Student 中的 name 和 score 都是公共属性，可以直接在类的外部通过对象名访问，在属性名前面加 2 个下画线，且下画线与属性名之间不留空格，就可以将其定义为私有属性。

【实例 7-5】访问权限。

```
class Student:                          #定义Student类
    __name = 'Jack'                     #定义私有类属性
    def show(self):
        print("在实例方法中访问:",Student.__name) #在实例方法中访问私有类属性
s=Student( )                            #创建Student类的实例
s.show( )                               #调用Student类show( )方法
#print("直接访问:",s.__name)      #私有类属性不能通过实例对象访问,出错
#私有属性,可以通过实例对象._类名__xxx"方法访问
print("加入类名访问:",s._Student__name)
```

实例 7-5 的运行结果如下:

```
在实例方法中访问: Jack
加入类名访问: Jack
```

而语句:

```
print("直接访问:",s.__name)
```

是错误的，提示找不到该属性，私有属性不能直接通过“实例对象.属性名”或“类名.属性名”的方法访问，而可以在类的实例方法中访问，也可以通过“实例对象._类名__×××”的方法访问。

7.4 类的实例方法

类的实例方法是指在类中定义的函数，该函数是一种在类的实例上操作的函数。实例方法的第一个参数必须是 self，并且必须包含一个 self 参数。创建实例方法的语法格式如下:

```
def  函数名(self,参数列表):
          语句块
```

参数说明:

函数名: 用于指定方法名，一般使用小写字母开头。

self: 必要参数，表示类的实例，其名称可以是 self 以外的单词，在此处使用 self 只是一个惯例而已。

参数列表: 用于指定除 self 参数外的参数，各参数间使用逗号“,”进行分隔。

说明:

实例方法和 Python 中的函数的主要区别就是，函数实现的是某个独立的功能，而实例方法是实现类中的一个行为，是类的一部分。

实例方法的调用需要实例化类，并以“实例名.方法名（参数列表）”的形式进行调用，且无须提供 self 参数。

【实例 7-6】定义实例方法。

```
class Student:                                    #定义类Student
    __name='Tom'                                  #定义类私有类属性
    __age='15'                                    #定义类私有类属性
    def getinfo(self,gender,nation):              #定义类方法getinfo( )
        self.gender=gender                        #设置属性
        self.natino=nation                        #设置属性
        print("姓名:",Student.__name)
        print("年龄:",Student.__age)
        print("性别:",self.gender)
        print("民族:",self.nation)
s=Student( )  #类Student实例化对象s
s.getinfo("男","汉族")                          #调用类Student中的getinfo( )方法
```

实例 7-6 的运行结果如下:

```
姓名: Tom
年龄: 15
性别: 男
民族: 汉族
```

self 就是对象自身的意思，在用某个对象调用该方法时，将该对象作为第一个参数传递给 self。执行 s.getinfo("男","汉族")时把 s 传递给 self，"男"传递给 self.gender，"汉族"传递给 self.nation，然后再输出结果。

类里面的任何方法中的第一个参数都是 self，但是在创建实例时，似乎用不到这个参数（非显式地写出来），那么 self 是干什么的呢?

将前面的 Student 类简化如下:

```
class Student:                          #定义类Student
    def getinfo(self,name):             #定义getinfo( )方法
        self.name=name                  #设置属性
        print("姓名: ",self.name)       #输出属性
        print(self)                     #输出self信息
        print(type(self))               #输出self类型
s=Student( )                            #实例化对象s
s.getinfo("Tom")                        #调用类方法getinfo( )
print(s)                                #输出实例化对象信息
```

运行结果如下:

```
姓名:  Tom
<__main__.Student object at 0x000002322E727F40>
<class '__main__.Student'>
<__main__.Student object at 0x000002322E727F40>,
```

这说明 self 就是类 Student 的实例，self 和 s 所引用的实例对象一样。

当创建实例时，实例变量作为第一个参数，被 Python 解释器传递传给了 self，self.name 就是实例的属性。

7.5 构造与析构方法

在 Python 中有一些内置的方法，这些方法命名以 2 个下画线开始、以 2 个下画线结束。其中最常使用的就是构造方法和析构方法。

1. 构造方法

在 Python 中，在定义类时可以定义一个特殊的构造方法，即__init__ (self,....)方法，每当创建一个类的新实例时，Python 都会自动执行它。__init__ (self,....)方法必须包含一个 self 参数，并且 self 参数必须是第一个参数。self 参数是一个指向实例本身的引用，用于访问类中的属性和方法。在方法调用时会自动传递实际参数 self，因此当__init__(self) 方法只有一个参数时，在创建类的实例时就不需要指定实际参数了。

【实例 7-7】构造方法对象的初始化。

```
class Student: #定义类Student
    def  __init__ (self,stuId,name):   #实例构造方法
        self.stuId=stuId               #定义实例属性stuId
        self.name=name                 #定义实例属性name
        print(self.stuId,self.name)    #输出实例属性值
s=Student("1001","Tom")                #创建Student类的实例s
```

实例 7-7 的运行结果如下:

```
1001 Tom
```

在执行语句:

```
s=Student("1001","tom")
```

时调用__init__函数，并传递 3 个参数给该函数，通过:

```
        self.stuId=stuId
        self.name=name
```

语句，这个实例就生成了 stuId 和 name 属性，而且其值由参数 stuId 和 name 确定。注意，这几个属性是实例对象自己的属性，不是类 Student 的类属性。

在 Python 中只允许有一个__init__函数，通过对__init__函数的参数设计默认值方法可以实现重载。例如:

```
s=Student("Tom")
```

是错误的，因为__init__函数需要 3 个参数，而这里只提供了 1 个参数。可以通过修改__init__的定义，使得它带有默认参数。

【实例 7-8】设置__init__函数中带有默认参数。

```
class Student:   #定义类Student
    def __init__ (self,stuId="",name="Tom"): #定义构造方法
        self.stuId=stuId                     #初始化构造方法参数
        self.name=name                       #初始化构造方法参数
```

```
    def getinfo(self):                          #定义类方法getinfo( )
        print(self.stuId,self.name)

s1=Student('1001')                  #定义类Student的实例化对象s1
s2=Student('1002','Jack')           #定义类Student的实例化对象s2
s1.getinfo( )                       #调用实例化对象s1的getinfo( )方法
s2.getinfo( )                       #调用实例化对象s1的getinfo( )方法
```

实例 7-8 的运行结果如下:

```
1001 Tom
1002 Jack
```

2. 析构方法

在 Python 中，析构方法是__del__（ ），当使用内置方法 del( )删除对象时，会调用它本身的析构函数。另外，当一个对象在某个作用域中被调用完毕后，在跳出其作用域的同时也会调用一次析构函数，这样就可以使用析构方法__del__（)释放内存空间。

【实例 7-9】析构方法函数。

```
class Student:   #定义类Student
    num_count=0   #所有的实例都共享此变量，不能单独为每个实例分配
    def __init__ (self,name):        #定义构造方法
        self.name=name               #实例属性
        Student.num_count+=1         #设置变量num_count值加1
        print(name,Student.num_count)
    def __del__ (self):              #定义析构方法
        Student.num_count-=1         #设置变量num_count值减1
        print('del',self.name,Student.num_count)
    def test(self):                  #定义方法test( )
        print("aa")

s1=Student('Tome')                   #定义类Student的实例化对象s1
s2=Student('Jack')                   #定义类Student的实例化对象s2
s3=Student('Litte')                  #定义类Student的实例化对象s3
del s1                               #调用析构方法
del s2                               #调用析构方法
del s3                               #调用析构方法
print('over')
```

实例 7-9 的运行结果如下:

```
Tome 1
Jack 2
Litte 3
del Tome 2
del Jack 1
del Litte 0
over
```

在实例 7-9 中，num_count 是公共类属性，因此每当创建一个实例时，就会调用构造方法__init__()，num_count 的值递增 1，当程序结束后，所有的实例都会被析构，即调用方法__del__( )，每调用一次析构方法，num_count 的值就减 1。

7.6 面向对象编程的特性

1. 封装

封装是面向对象编程的核心思想，即通过类将对象的属性和行为封装起来，对外部隐藏其细节。例如，用户在使用计算机时，只需要使用鼠标和键盘实现一些功能，而无须了解计算机内部是如何工作的。为了防止外部随意读取类内部的数据（成员变量），可以将内部数据封装为私有变量，外部调用时只能通过方法调用私有变量。

下面，在 Student 类中定义 set 方法以更改私有实例变量__age 的值，定义 get 方法以返回私有实例变量，然后通过实例调用 get( )方法取值、调用 set( )方法赋值。

【实例 7-10】 定义 set 方法以更改私有实例变量的值 。

```
class Student:
  class Student:
    def __init__ (self,name,age):        #定义构造方法
        self.name=name                    #创建和初始化实例变量name
        self. __age=age                   #创建和初始化私有变量__age
    def study(self):                      #实例方法
        print('{0}学习非常好。'.format(self.name))
    def get_age(self):                    #get方法
        return self. __age                #返回私有变量
    def set_age(self,age):                #set方法
        self. __age=age                   #通过age参数更改私有变量__age的值

s=Student('Tom',14)
print('{0}同学今年{1}岁了。'.format(s.name,s.get_age( )))
#通过get( )方法获取年龄
s.set_age(15)  #通过set( )方法赋值
print('修改后的年龄是{0}'.format(s.get_age( ))) #通过get( )方法获得年龄
```

实例 7-10 的运行结果如下:

```
Tom同学今年14岁了。
修改后的年龄是15
```

从上面的代码中可以看到，当外部通过两个公有方法访问被封装的私有成员变量时，操作比较烦琐。在 Python 中，可以通过@property（装饰器）将一个方法转换为属性，将方法转换为属性后，可以直接通过方法名来访问方法，而无须再添加一对小括号“( )”，这样就可以让代码更简洁。在 Student 类中，可通过两个装饰器进行修饰。

【实例 7-11】利用装饰器将方法转换为属性。

```
class Student:
    def __init__ (self,name,age):  #定义构造方法
        self.name=name         #创建和初始化实例变量name
        self. __age=age        #创建和初始化私有变量__age
    def study(self):           #实例方法
        print('{0}学习非常好。'.format(self.name))
    @property                  #装饰器
```

```
    def age(self):              #取代get_age,方法名就是属性名，相当于get( )方法
        return self. __age
    @age.setter                 #装饰器
    def age(self,age):          #取代set_age,方法名就是属性名，相当于set( )方法
        self. __age=age         #通过age参数更改私有变量__age的值

s=Student('Tom',14)
#可以通过"对象.属性名"的方法获取年龄
print('{0}同学今年{1}岁了。'.format(s.name,s.age))
s.age=15                        #可以以"对象名.属性名"的形式通过属性赋值
print('修改后的年龄是{0}。'.format(s.age))
```

实例 7-11 的运行结果如下:

```
Tom同学今年14岁了。
修改后的年龄是15。
```

在这段代码中用到了两个装饰器，分别是@property 和@age.setter。在定义 age 属性的 get( )方法时，使用@property 装饰器进行修饰，方法名就是属性名 age。在定义 age 属性的 set( )方法时，使用@age.setter 装饰器进行修饰。这样，在外部可以通过“对象名.属性名”的形式访问私有类属性。

装饰器（Decorator）是 Python 的一个重要部分，它是修改其他函数功能的函数，其功能是让代码更简洁。Python 中使用@符号标识装饰器，这里用到了@property 和@*.setter（*表示函数名称）装饰器，其作用分别如下。

@property: 可以将一个方法的调用方式变成“属性调用”；对要读取的数据进行预处理。

@*.setter: 对要存入的数据进行预处理; 设置可读属性。

@*.setter 装饰器必须在@property 装饰器后面使用，两个装饰函数的函数名必须保持一致。在上面这段代码中，这两个装饰器装饰的都是类中的方法，即名称都是 age。

2. 继承

面向对象编程带来的好处之一是代码的重用，实现重用的方法之一是通过继承机制。继承是在一个类的基础上制定了一个新的类，新的类不仅可以继承原来类的属性和方法，还可以增加新的属性和方法。这里新的类叫作子类(派生类)，原来的类叫作父类(或基类)。通过继承不仅可以实现代码的重用，还可以理顺类与类之间的关系。在 Python 中定义类时，应在类名的右侧使用小括号（ ）将父类括起来，从而实现类的继承，基本语法如下:

```
class  子类名(父类或基类):
       语句块
```

参数说明:

子类名: 子类的名称。

父类或基类: 要继承的父类（或基类），可以有多个，类之间用逗号分隔。如果不指定父类（或基类），则将使用所有 Python 对象的父类（或基类）object。

语句块: 类体，主要由类的变量、方法、属性等成员组成，也可以用 pass 语句进行占位。

在 Python 中，继承具有以下特点。

(1) 在继承中，子类定义了构造方法，父类的构造方法 (__init__( )方法) 不会被自动调用，需要在子类的构造方法中指定 super( )函数进行调用。

(2) 在调用父类的方法时需要加上父类的类名前缀，并带上 self 参数变量。

(3) 在 Python 中，首先查找对应类型的方法，当在子类中找不到对应的方法时，再到父类中逐个查找。

(4) 一般情况下，Python 不限制一个类可以继承的父类数量，一个子类可以有多个父类，不同的类也可以继承同一个父类。

例如，首先定义了一个 Person 类，作为父类，该类包含的属性有姓名 (name)、性别 (gender)、年龄(age)，再定义一个学生类 Student，作为子类，该类既要包含姓名(name)、性别 (gender) 和年龄 (age) 属性还需要包含所学专业 (dept) 和民族 (nation) 属性，此时不必重新定义 Student 类，只要从已经定义的 Person 类中将其派生与继承过来就可以了。

【实例 7-12】派生与继承。

```
class Person: #父类Person
    def __init__ (self,name,gender,age): #父类中的构造方法
        self.name=name
        self.gender=gender
        self.age=age
    def show(self,end=' '):     #父类中的方法
        print(self.name,self.gender,self.age,end=end)
class Student(Person):          #子类Student
    def __init__ (self,name,gender,age,dept,nation): #子类中构造方法
        super( ).__init__ (name,gender,age) #使用super( )函数进行调用
        self.dept=dept
        self.nation=nation
    def getinfo(self):          #子类Student中的getinfo( )方法
        Person.show(self)       #在子类中调用父类方法
        print(self.dept,self.nation)
s=Student("Tom","男",20,"计算机应用","汉族")
s.show('\n') #继承父类Person中的show( )方法
s.getinfo( )
```

实例 7-2 的运行结果：

```
Tom 男 20
tom 男 20 计算机应用 汉族
```

在实例 7-12 的代码中，子类 Student 继承自父类 Person，所以子类 Student 同样拥有属性 name、gender、age 和方法 show( )。在继承的过程中，如果子类定义了构造方法，那么父类的构造方法将不会被自动调用。这时，如果要调用父类中的构造方法，则需要在子类中指定 super( )函数以进行调用，如上例代码中：

```
super( ).__init__ (name,gender,age)
```

在子类中调用父类的方法时，使用“父类名.方法名 (self)”进行调用，如上例代码中：

```
    Person.show(self)
```

但是，子类既不能继承父类中的私有方法，也不能进行调用。

3. 多态

封装的功能是可以更高效地使用代码，继承的功能是可以重复地使用代码。当多个子类继承父类，并重写父类方法后，子类创建的对象之间会呈现多态，即对象表现出的多种形态，这时子类的行为不完全和父类相同。如果子类的方法与父类的方法同名，那么子类的方法将会重写同名的方法。

【实例 7-13】多态。

```
class Person:                    #父类Person
    def __init__ (self, name, gender):
        self.name = name
        self.gender = gender
    def whoAmI(self):            #父类Person中的whoAmI( )方法
        print('我是一个人，我的名字是 %s' % self.name)
class Student(Person):           #子类Student
    def __init__ (self, name, gender, score):
        super( ).__init__ (name, gender)
        self.score = score
    def whoAmI(self):            #子类Student中的whoAmI( )方法
        print('我是一名学生，我的名字是 %s' % self.name)
class Teacher(Person):           #子类Teacher
    def __init__ (self, name, gender, course):
        super( ).__init__ (name, gender)
        self.course = course
    def whoAmI(self):            #子类Teacher中的whoAmI( )方法
        print('我是一名教师，我的名字是 %s' % self.name)
def who_am_i(x):                 #定义函数who_am_i
    x.whoAmI( )                  #接收的x对象具有whoAmI( )方法
#实例化对象
p=Person('Tim','女')
s=Student('Bob','男',98)
t=Teacher('Alice','女','英语')
# who_am_i( )函数可以接收所有拥有whoAmI( )方法的对象
who_am_i(p)
who_am_i(s)
who_am_i(t)
```

实例 7-13 的运行结果:

```
我是一个人，我的名字是 Tim
我是一名学生，我的名字是 Bob
我是一名教师，我的名字是 Alice
```

实例化对象后，who_am_i( )函数接收了所有拥有 whoAmI( )的对象，并输出了各自的方法中的内容。当子类和父类存在相同的方法时，子类的方法会覆盖父类的方法，在代码运行时总是会调用子类的方法，这称为多态。

任务实施

根据任务分析，代码设计如下:

```
class Student: #创建学生类
  def __init__(self,stuId,name,age,gender,dept,nation):
      self.stuId=stuId
      self.name=name
      self.age=age
      self.gender=gender
      self.dept=dept
      self.nation=nation
  def studentoop(self):
      pass
#管理系统类
class Sys:
  def __init__(self):
      pass
#显示系统菜单
  def show_menu(self):
      print("="*56)
      print("学生信息管理系统v1.0\n\n"
            "1.添加用户信息\n"
            "2:查询用户信息\n"
            "3:修改用户信息\n"
            "4:删除用户信息\n"
            "5:显示用户信息\n"
            "0:退出系统")
      print("=" * 56)
# 输入学生相关信息
  def getinfo(self):
      global new_stuId
      global new_name
      global new_age
      global new_gender
      global new_dept
      global new_nation
      new_stuId = input("请输入学号:")
      new_name = input("请输入名字:")
      new_age = input("请输入年龄:")
      new_gender = input("请输入性别:")
      new_dept = input("请输入专业:")
      new_nation = input("请输入民族:")
# 添加学生信息
  def add_stus(self):
# 调用getinfo方法
  self.getinfo( )
# 以ID为Key,将新输入的信息赋值给Student类
  students[new_stuId] = Student(new_stuId, new_name, new_age,
```

```
new_gender, new_dept, new_nation)
        print(students[new_stuId])
    # 打印添加的学生信息
        print("学号:%s" % students[new_stuId].stuId, "姓名:%s" %
students[new_stuId].name,"年龄:%s" % students[new_stuId].age,"性别:%s" %
students[new_stuId].gender, "专业:%s" % students[new_stuId].dept,"民族:%s" %
students[new_stuId].nation)
        print("=" * 56)
    # 查询学生信息
        def find_stus(self):
            find_nameId = input("请输入要查的学号:")
            print(students.keys( ))
            if find_nameId in students.keys( ):
              print("学号:%s\t名字:%s\t年龄:%s\t性别:%s\t名字:%s\t民
族:%s" %(students[find_nameId].stuId,students[find_nameId].name,students[fi
nd_nameId].age,students[find_nameId].gender,students[find_nameId].dept,stu
dents[find_nameId].nation))
            else:
               print("查无此人")
            print("=" * 56)
    # 修改学生信息
        def alter_stus(self):
            alterId = input("请输入你要修改学生的学号:")
    # 当字典中Key相同时，覆盖以前的key值
            if alterId in students.keys( ):
              self.getinfo( )
              students[new_stuId] = Student(new_stuId, new_name, new_age,
new_gender, new_dept, new_nation)
              del students[alterId]
            else:
               print("查无此人")
            print("=" * 56)
    # 删除学生信息
         def del_stus(self):
            cut_nameID = input("请输入要删除的学号:")
            if cut_nameID in students.keys( ):
               del students[cut_nameID]
               print("学号:%s用户删除完毕!"%cut_nameID)
            else:
               print("查无此人")
            print("=" * 56)
    # 显示学生信息
        def show_stus(self):
           for new_stuId in students:
             print("学号:%s\t名字:%s\t年龄:%s\t性别:%s\t专业:%s\t民族:%s" %
(students[new_stuId].stuId, students[new_stuId].name, students[new_stuId].
age,students[new_stuId].gender, students[new_stuId].dept, students[new_
stuId].nation))
           print("=" * 56)
    # 退出
```

```
    def exit_stus(self):
        print("欢迎下次使用")
        exit( )
#创建系统对象
sys=Sys( )
students={}
sys.show_menu( )
while True:
    choice=input("请选择功能:").strip( )
    if choice=="":
        sys.show_menu( )
    else:
        choice=int(choice)
        if choice==1:
            sys.add_stus( )
        elif choice==2:
            sys.find_stus( )
        elif choice==3:
            sys.alter_stus( )
        elif choice==4:
            sys.del_stus( )
        elif choice==5:
            sys.show_stus( )
        elif choice==0:
            sys.exit_stus( )
        else:
            print("您输入有误,请重新输入!")
```

程序运行结果如图 7-1 所示。

```
==========================================================
学生信息管理系统v1.0

1.添加用户信息
2:查询用户信息
3:修改用户信息
4:删除用户信息
5:显示用户信息
0:退出系统
==========================================================
请选择功能:1
请输入学号:1001
请输入名字:小明
请输入年龄:16
请输入性别:男
请输入专业:计算机
请输入民族:汉
学号:1001 姓名:小明 年龄:16 性别:男 专业:计算机 民族:汉
==========================================================
请选择功能:5
学号:1001     名字:小明 年龄:16  性别:男   专业:计算机    民族:汉
==========================================================
请选择功能:0
欢迎下次使用
```

图 7-1 程序运行效果

任务总结

类：描述具有相同的属性和方法的对象的集合，类定义了该集合中每个对象所共有的属性和方法。

对象：在类中定义的数据结构实例。对象包括两个数据成员（类变量和实例变量）和方法。对象是类的实例。

实例化：创建一个类的实例，是类的具体对象。

类属性：属于一个类中所有对象的属性，不会只在某个实例上发生变化。类属性定义在类的里面、方法的外面。

实例属性：定义在 init 方法内部的 self。

类方法：类中定义的函数。

类变量：类变量在整个实例化的对象中是公用的。类变量定义在类中且在函数体之外。类变量通常不作为实例变量使用。

局部变量：定义在方法中的变量，只作用于当前实例的类。

实例变量：在类的声明中，属性是用变量来表示的，这种变量就称为实例变量，是在类声明的内部但是在类的其他成员方法之外声明的。

方法重写：如果从父类继承的方法不能满足子类的需求，则可以对其进行改写，这个过程叫作方法的覆盖（override），又称方法的重写。

继承：一个派生类（derived class）继承基类（base class）的字段和方法。继承允许把一个派生类的对象作为一个基类对象对待。

任务检测

（1）定义类如下：

```
class  Hello( ):
    pass
```

下列对该类的叙述中，错误的是________。

A. 该类实例中包含__dir__( )方法

B. 该类实例中包含__hash__( )方法

C. 该类实例中只包含__dir__( )方法，但不包含__hash__( )方法

D. 该类没有定义任何方法，所以该实例中没有包含任何方法

（2）定义类如下：

```
class hello( ):
    def showInfo(sef):
        print(self.x)
```

下列对该类的叙述中，正确的是________。

A. 该类不可以实例化

B. 该类可以实例化

C. 在 pycharm 工具中会出现语法错误，并提示 self 没有定义

D. 该类可以实例化，并且能正常通过对象调用 showInfo( )

（3）关于 python 类，以下说法中错误的是______________。

A. 类的实例方法必须在创建对象后才可以调用

B. 类的实例方法必须在创建对象前才可以调用

C. 类的类方法可以用对象和类名来调用

D. 类的静态属性可以用类名和对象来调用

（4）定义类如下:

```
class Hello( ):
    def __init__(self,name)
      self.name=name
def showInfo(self)
    print(self.name)
```

下面代码能够正常执行的是______________。

A. h = Hello

h.showInfo( )

B. h = Hello( )

h.showInfo(‘张三’)

C. h = Hello(‘张三’)

h.showInfo( )

D. h = Hello(‘admin’)

showInfo

（5）代码如下:

```
class A( ):
  def a( ):
    print("a")
class B( ):
  def b( ):
    print("b")
class C( ):
  def c( ):
    print(c)
class D(A,C):
  def d( ):
    print("d")
d=D( )
d.a( )
d.b( )
d.d( )
```

以上执行代码的结果是（　　）

A. a、b、d　　　　B. a、d

C. d、a　　　　D. 执行会报错

任务拓展

设计一个 Date 类，该类包括 year、month、day 三个属性和能够实现获取日期、获取年份、获取月份、设置日期、输出日期的方法。

模块 8 综合项目实战

模块概述

随着大数据时代的到来，网络上的信息变得越来越多，网络爬虫在互联网中的地位也越来越重要。办公自动化使我们可以快速处理海量的信息，极大地提高了我们的工作效率。

本模块学习两个综合案例，以加强对 Python 相关知识的学习和掌握。

学习目标

了解 http 的有关概念，掌握 Python requests 库的使用方法、os 模块的常用操作。通过学习具体实例，掌握函数在 Python 中的具体应用，以提高解决问题的能力。

知识框架

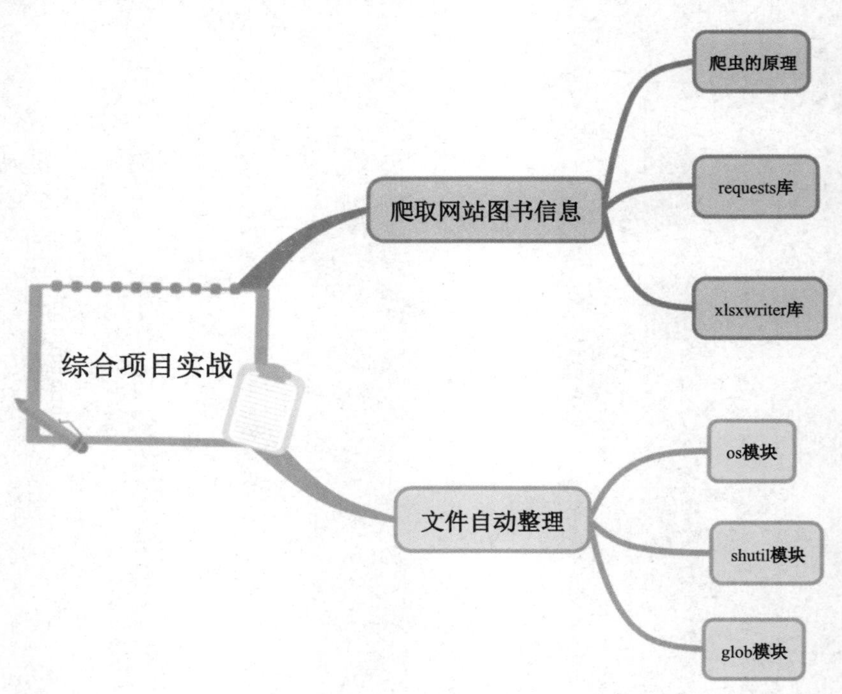

项目 17 Python 综合项目实战

任务 31 爬取网站图书信息并保存到文件

任务描述

Python 是目前使用最广泛且用户增长最快的编程语言。优雅简洁的语法、强大的第三方库支持等都是 Python 能够风靡各行各业的原因，激起了全民学习 Python 的热潮，各大出版社纷纷推出了 Python 学习的相关图书。本节我们就使用 Python 爬虫技术爬取华信教育资源网的图书信息，并将爬取的图书信息保存到 Excel 文件中。

任务分析

（1）首先分析华信教育资源网图书信息页面。访问华信教育资源网首页，在首页搜索栏中输入“Python”关键字，搜索到的 Python 图书页面如图 8-1 所示。

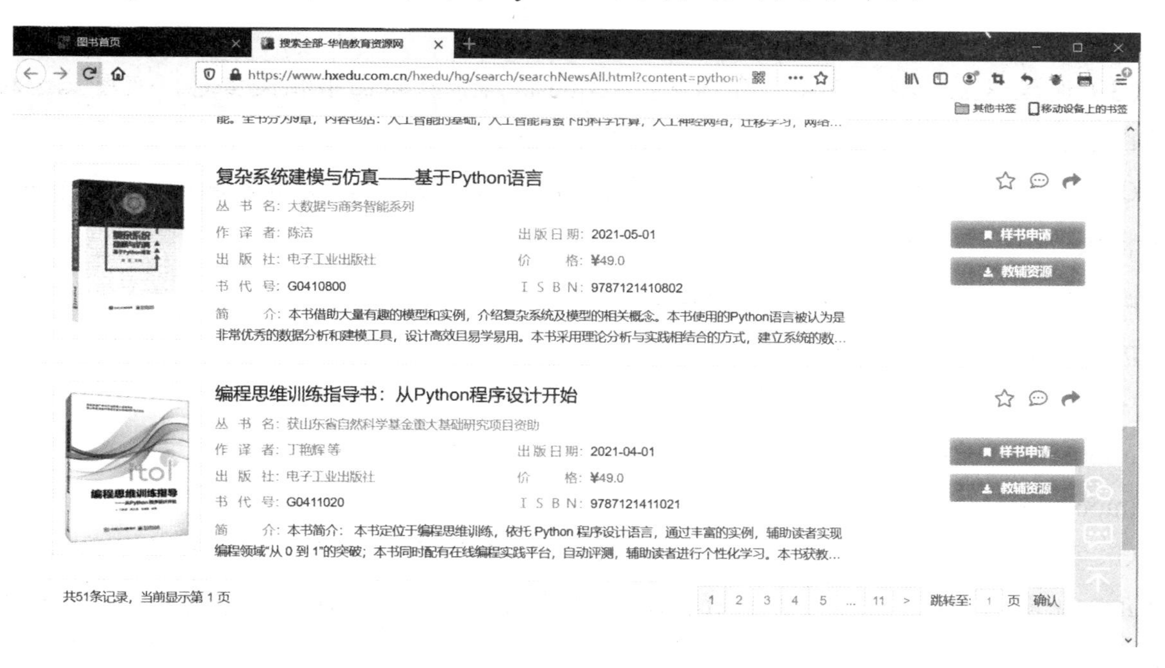

图 8-1 搜索 Python 图书

（2）打开谷歌浏览器，单击鼠标右键查看源码，可以发现其中并没有搜索的 Python 图书相关信息。在谷歌浏览器中的 Network 选项下选择 XHR 选项卡，在该选项卡中单击页面中的 getBookSearchList.html，在选项卡中可以发现搜索的 Python 图书相关信息保存在 getBookSearchList.htm 页面响应信息中，请求数据 num 的值表示的是搜索页的分页页码，如图 8-2 所示。

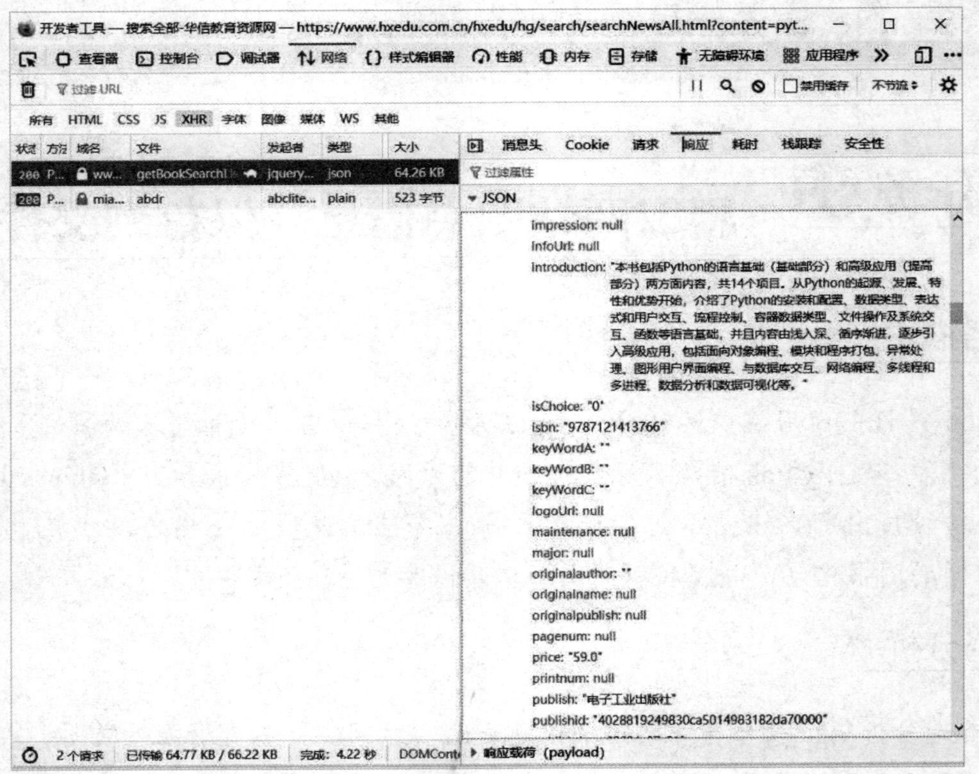

图 8-2 相关信息

（3）通过以上分析，下面就可以使用 requests 库来获取图书相关信息，使用 xlsxwriter 库将图书相关信息写入 Excel 表格中，具体步骤如下。

① 由于使用了第三方模块 requests 库和 xlsxwriter 库，所以要事先使用 pip 命令安装第三方模块。安装方式如下：

```
pip install requests       #安装 requests 库
pip install xlsxwriter   #安装 xlsxwriter 库
```

② 在程序中导入需要使用的库，具体代码如下：

```
import requests
import xlsxwriter
```

③ 实现爬取方法。首先使用 requests 库发送 POST 请求，获取当前页面的图书信息，并使用 json 格式数据，然后再使用 xlsxwriter 库将获取的当前页面的信息写入 Excel 表格中。最后依次遍历每一页的图书信息。

知识准备

8.1 什么是爬虫

网络爬虫又称网络蜘蛛、网络蚂蚁、网络机器人等，可以自动浏览网络中的信息。浏览信息时需要按照制定的规则进行，这些规则称为网络爬虫算法。使用 Python 可以很方便地编写爬虫程序，以进行互联网信息的自动检索。

搜索引擎离不开爬虫，如百度搜索引擎的爬虫叫作百度蜘蛛（Baiduspider）。百度蜘蛛每天都会在海量的互联网信息中进行爬取，以爬取优质信息并进行收录，当用户在百度搜索引擎上检索对应的关键词时，百度将对关键词进行分析处理，从收录的网页中找出相关网页，按照一定的排名规则进行排序，并将结果展示给用户。

在抓取资源的过程中，需要使用 URL 做资源定位，URL（Uniform Resource Locators，统一资源定位符）是对可以从互联网上得到资源位置和访问方法的一种简洁的表示，是互联网上标准资源的地址，也就是我们所说的网址。

URL 的格式由 3 个部分组成。

（1）浏览器检索资源所用的协议。

（2）存有该资源的主机 IP 地址（有时也包括端口号）。

（3）主机资源的具体地址，如目录和文件名等。

爬虫爬取数据时必须有目标，这样才可以获得数据，因此 URL 是爬虫获取数据的基本依据，准确理解 URL 的含义对学习爬虫技术有很大帮助。

8.2 爬虫的原理

爬虫的原理是，从一个起始种子链接开始，发送 http 请求链接，从而得到该链接中的内容，然后正则匹配页面里的有效链接，并将这些链接保存到待访问队列中，等待爬取线程爬取这个待访问队列。为了有效减少不必要的网络请求，一旦链接已访问，就把已访问的链接放到已访问 Map 中，以防止重复爬取和死循环。更复杂的爬虫实现，需要使用代理服务器、伪装成浏览器、登录和提取验证码等技术手段。这里面有两个概念，一个是发送 http 请求，另一个是正则匹配感兴趣的链接。

爬虫的原理相对简单。爬取网页的基本步骤如下。

（1）需求者选取一部分种子 URL（或初始 URL），将其放入待爬取的队列中。

（2）判断 URL 队列是否为空，如果为空则结束程序的运行，否则执行步骤（3）。

（3）从待爬取的 URL 队列中取出待爬取的一个 URL，获取 URL 对应的网页内容。在此步骤中需要使用响应的状态码（如 200、403 等），以判断是否获取数据，如响应成功则执行解析操作；如响应不成功，则将其重新放入待爬取队列（注意：这里需要删除无效 URL）。

（4）针对已经响应成功后获取的数据，执行页面解析操作。此步骤根据用户需求获取网页内容里的部分数据，如汽车论坛帖子的标题、发表时间等。

（5）存储已解析的数据。

网络爬取步骤流程图如图 8-3 所示。

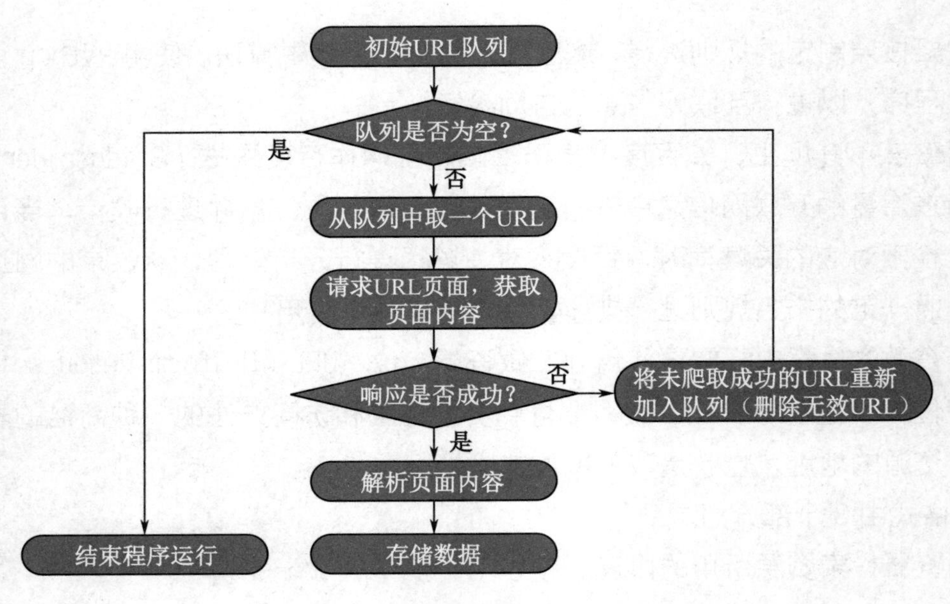

图 8-3 网络爬取步骤流程图

8.3 基本方法

在 Python 中，用几行程序就可以实现最基本的网络爬取，只需要使用目前常用的第三方模块 requests 库即可。以爬取百度网为例，示例代码如下;

```
import requests
r=requests.get('http://www.baidu.com')
print(r.status_code)
print(r.text)
```

执行结果如图 8-4 所示。

```
200
<!DOCTYPE html>
<!--STATUS OK--><html> <head><meta http-equiv=content-type content=text/html;
```

图 8-4 执行结果

requests 库的主要方法如表 8-1 所示。

表 8-1 requests 库的主要方法

方 法	说 明
requests.request( )	构造一个请求，这是支撑以下各种方法的基础方法
requests.get( )	获取 HTML 网页的主要方法，对应 HTTP 的 GET
requests.head( )	获取 HTML 网页头的信息方法，对应 HTTP 的 HEAD
requests.post( )	向 HTML 网页提交 POST 请求方法，对应 HTTP 的 POST
requests.put( )	向 HTML 网页提交 PUT 请求的方法，对应 HTTP 的 RUT
requests.patch( )	向 HTML 网页提交局部修改请求，对应 HTTP 的 PATCH
requests.delete( )	向 HTML 页面提交删除请求，对应 HTTP 的 DELETE

http 的常用请求是 GET 和 POST，requests 为此区分两种不同的请求方式。

GET 请求有两种形式，分别是不带参数的形式和带参数的形式，以华信教育资源网为例:

```
#不带参数
https://www.hxedu.com.cn/hxedu/hg/home/home.html
#带参数
https://www.hxedu.com.cn/hxedu/hg/search/searchNewsAll.html?content=python
```

判断 URL 是否带参数，可以对符号“？”判断。一般网址末端（域名）带有“？”，则说明该 URL 是带有参数的，反之则不带参数。

GET 参数说明:

（1）content 是参数名，参数名是由网站（服务器）规定的;

（2）python 是参数值，可由用户自行设置;

（3）如果一个 URL 有多个参数，则参数之间用“&”连接。

requests 库的 get( )方法的主要功能是对网站发起 GET 请求。

语法格式:

```
r=requests.get(url,params=None,**kwargs)
```

参数说明:

url: 拟获取页面的 URL 链接;

params: URL 中的额外参数，格式为字典或字节流，是可选参数;

**kwargs: 控制访问的参数;

r: 返回一个包含服务器资源的 response 对象，可由用户自定义名称。

不带参数的 requests 库的 get( )方法的表示方法，示例代码如下:

```
import requests
r=requests.get('https://www.hxedu.com.cn')
```

带参数的 requests 库的 get( )方法有两种表示方法，实例代码如下:

```
import requests
#第一种
r1=requests.get('https://www.hxedu.com.cn/hxedu/hg/search/searchNewsAll.html?content=python')
#第二种
url=' https://www.hxedu.com.cn/hxedu/hg/search/searchNewsAll.html'
params={'content':'python'}
#params在GET请求中表示设置参数
r2=requests.get(url,params=params)
print(r2.url) #输出生成的URL
```

两种方法都是请求同一个 URL。如果参数是动态变化的，那么可使用字符串格式化对 URL 动态设置，如 https://www.hxedu.com.cn/hxedu/hg/search/searchNewsAll.html?content==f’{python}’

POST 请求是指提交表单，表单中的数据内容是 POST 的请求参数。若要在 requests 库实现 POST 请求，则需设置请求参数 data，数据格式可以为字典、元组、列表或 json 格式，不同的数据格式有不同的优势。示例代码如下:

```
#设置字典类型
data={'key1':'value1', 'key2':'value2'}
#设置元组或列表
data=(('key1','value1'), ('key2','value2'))
import json
data={'key1':'value1', 'key2':'value2'}
#将字典转换为json格式
data=json.dump(data)
#发送POST请求
r=requests.post("https://www.hxedu.com.cn/",data=data)
#左侧的data是POST方法参数,右侧的data是指发送请求的网站数据
print(r.text)
```

说明:

requests 的 GET 和 POST 方法的请求参数分别是 params 和 data。

当向网站（服务器）发送请求时，网站会返回相应的响应（response）对象，其中包含服务器响应的信息。response 属性说明如表 8-2 所示。

表 8-2 response 属性说明

属　性	说　明
r.status_code	响应状态码
r.raw	原始响应体，使用 r.raw.read( )读取
r.content	字节方式的响应体，需要进行解码
r.text	字符串方式的响应体，会自动根据响应头部的字符编码进行解码
r.headers	以字典对象存储服务器响应头
r.json	requests 中内置的 JSON 解码器
r.raise_for_status	请求失败（非 HTTP 状态码 200 响应），抛出异常
r.url	获取请求链接
r.cookie	获取请求后的 cookie
r.encoding	获取编码格式

8.4 使用代理服务器

当前很多网站都具备反爬虫机制，一旦发现某个 IP 在一定时间内请求次数过多或请求频率太高，就会将该 IP 标记为恶意 IP，并限制该 IP 的访问，或者将该 IP 加入黑名单，使之不能访问网站。这时就需要使用代理服务器，通过使用不同的代理服务器继续抓取需要的信息。示例代码如下:

```
import requests
proxies={
    "http":"http://10.10.1.10.:8989",
    "https":"http://10.10.1.10:1080"
}
r=requests.get("https://www.hxedu.com.cn/",proxies=proxies)
```

8.5 cookie 处理

安全性较高的网站需要在发送 URL 请求时提供 cookie 信息，否则请求无法成功。cookie 的作用是标识用户身份，在 requests 中以字典或 RequestsCookieJar 对象作为参数。获取方式主要是从浏览器读取和程序运行所产生。示例代码如下:

```
import requests
temp_cookies='_ga=GA1.2.18554803.1619609822; _gid=GA1.2.1974330016.1619609822; provider=xuetang; django_language=zh; _gat_gtag_UA_164784773_1=1'
cookies_dict={}
url='https://www.hxedu.com.cn/'
for i in temp_cookies.split(';'):
    value=i.split('=')
    cookies_dict[value[0]]=value[1]
    print(cookies_dict)
r=requests.get(url,cookies=cookies_dict)
print(r.text)
```

8.6 模拟浏览器

在请求中设置浏览器信息，通过修改 http 包中的 header 实现模拟。示例代码片段如下:

```
import requests
headers={
    "User-Agent":"Mozilla/5.0 (Windows NT 10.0; Win64; x64) AppleWebKit/537.36 (KHTML, like Gecko) Chrome/90.0.4430.93 Safari/537.36"
}
requests.get("https://www.hxedu.com.cn/",headers=headers)
```


8.7 将数据写入 Excel

xlsxwriter 库是用于创建 Excel XLSX 文件的 Python 第三方模块，可用于将文本、数字、公式和超链接写入 XLSX 文件中的多个工作表中。它支持格式化等功能。

1. 创建 Excel 文件

导入模块，使用 Workbook( )构造函数来创建一个新的工作簿对象。示例代码如下:

```
import xlsxwriter
workbook=xlsxwriter.Workbook(‘abc.xlsx’) #创建abc.xlsx文件
```

2. 创建工作表

在默认情况下，Excel 文件中的工作表名称依次为 Sheet1、Sheet2 等，但也可以为其指定名称。

```
worksheet=workbook.add_worksheet(“work”) #创建work的工作表
```

3. 写入单个数据

使用 worksheet.writer(row,col,some_data)向工作表写入数据，其中 row 是行，col 是列，some_date 是数据。

【实例 8-1】将数据写入 Excel 文件，代码如下:

```
import xlsxwriter
expenses = (
    ['Rent', 1000],
    ['Gas',   100],
```

```
        ['Food',  300],
        ['Gym',    50],
    )
    workbook = xlsxwriter.Workbook('Expenses01.xlsx')      #创建Excel文件
    worksheet=workbook.add_worksheet('work')               #建立工作表work
    row=0
    col=0
    for item,cost in expenses: #循环写入数据至Excel文件
        worksheet.write(row, col,item)
        worksheet.write(row,col+1,cost)
        row+=1
    workbook.close( ) #关闭文件
```

实例 8-1 运行结果如图 8-5 所示。

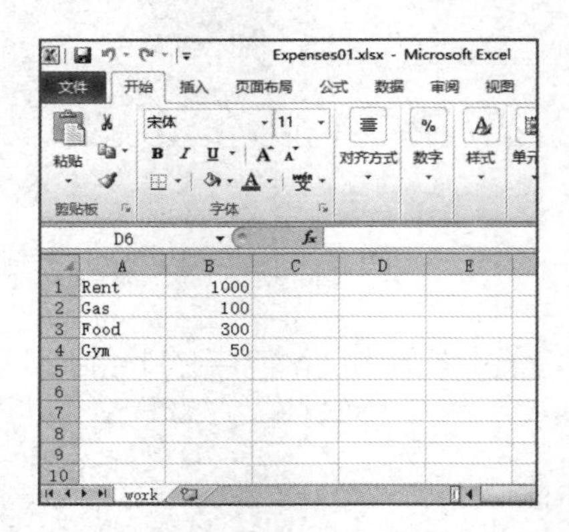

图 8-5　实例 8-1 运行结果

任务实施

根据任务分析，本任务代码如下：

```
#导入相关模块
import requests
import xlsxwriter
import time
from  tqdm import tqdm

#定义图书相关信息及写入文件函数
def  book_info(page_num,book_name):
    try:
        #图书数据URL地址
        url='https://www.hxedu.com.cn/hxedu/hg/book/getBookSearchList.html'
        #定义头部信息，以模拟浏览器访问
        headers={'User-Agent':'Mozilla/5.0 (Windows NT 10.0; Win64; x64;
rv:87.0) Gecko/20100101 Firefox/87.0'}
        # 参数num代表页码，参数conds代表搜索图书名称
        payload={'num':page_num,'orderType':3,'conds':book_name}
        #使用POST方法提交数据
        r=requests.post(url,headers=headers,data=payload)
        #json格式化返回数据
        book_data=r.json( )
        #循环写入数据,len(book_data['itemList'])为每页图书的数量
        for num  in range(len(book_data['itemList'])):
            #设置row为全局变量
            global row
```

```
            #定义写入excel的行数公式
            row=5*(page_num-1)+num+1
            worksheet.write(row, 0, row)
            worksheet.write(row, 1, book_data['itemList'][num]
['showBookName'])
            worksheet.write(row, 2, book_data['itemList'][num]['translator'])
            worksheet.write(row, 3, book_data['itemList'][num]['publish'])
            worksheet.write(row, 4, book_data['itemList'][num]['price'])
            worksheet.write(row, 5,
book_data['itemList'][num]['publishtime'])
            worksheet.write(row, 6, book_data['itemList'][num]['bookcode'])
            worksheet.write(row, 7, book_data['itemList'][num]['isbn'])
            worksheet.write(row, 8, book_data['itemList'][num]
['introduction'])

    except Exception as e:
        print(e)

        if __name__=='__main__':
            #接收用户图书搜索字符串
            book_name=input('请输入爬取图书的名称:')
            #图书数据URL地址
            url = 'https://www.hxedu.com.cn/hxedu/hg/book/getBookSearchList.
html'
            # 定义头部信息以模拟浏览器访问
    headers = {'User-Agent': 'Mozilla/5.0 (Windows NT 10.0; Win64; x64; rv:87.0)
Gecko/20100101 Firefox/87.0'}
    #设置请求数据
    payload = {'num':1,'orderType': 3, 'conds': book_name}
    r = requests.post(url, data=payload, headers=headers)
    book_data = r.json( )
    #判断返回数据book_data['countRecords']，如果为0则表示没有检索到图书信息
    if book_data['countRecords'] == 0:
        print("您搜索的图书不存在!")
    else:
        #获取搜索图书，返回数据的总页数
        countpages = book_data['countPages']
        #利用xlsxwriter模块创建xlsx文件
        workbook = xlsxwriter.Workbook("华信教育资源网{}图书数据.xlsx".format
(book_name))
        #建立Excel工作表
        worksheet=workbook.add_worksheet('{}图书信息表'.format(book_name))
        #在Excel工作表第一行中写入相应字段名
        worksheet.write(0, 0, "图书序号")
        worksheet.write(0, 1, "图书名称")
        worksheet.write(0, 2, "作者")
        worksheet.write(0, 3, "出版社")
        worksheet.write(0, 4, "价格")
        worksheet.write(0, 5, "出版日期")
        worksheet.write(0, 6, "书代码")
        worksheet.write(0, 7, "ISBN")
        worksheet.write(0, 8, "简介")
        #程序爬取开始
        print("程序爬取{}图书数据开始:".format(book_name))
```

```
    #通过for循环总页数调用book_info函数把所有数据写入Excel文件中
    #使用tqdm模块实现进度条的功能
    for page_num in tqdm(range(countpages)):
        page_num=page_num+1
        book_info(page_num,book_name)
        time.sleep(0.5)
    print("程序爬取数据完毕！总共爬取相关{}图书{}本".format(book_name,row))
    #保存Excel文件
    workbook.close( )
    print("图书信息已经保存在当前目录文件[华信教育资源网{}图书数据.xlsx]中".format
(book_name))
```

程序运行结果如图 8-6 所示。

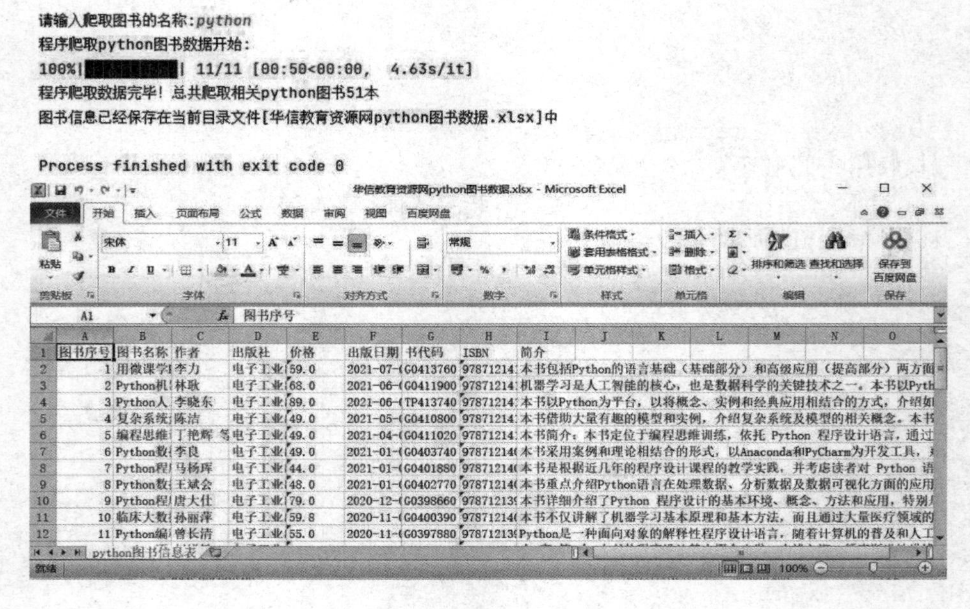

图 8-6　程序运行结果

任务总结

使用 Python 可以很方便地编写爬虫程序，以对互联网公开的信息的进行自动化检索、收集。本任务主要利用 Python 的 requests 库对华信教育资源网的搜索信息进行模拟访问、收集、爬取，利用 xlsxwriter 库将已获取信息写入本地 xls 文件中。读者可以查看一些爬虫框架，以实现更复杂的爬虫程序。

任务检测

（1）标准的 URL 格式由哪几部分组成，各部分的具体含义是什么?

（2）requests 库的 GET 请求和 POST 请求的特点、区别是什么?

（3）利用 requests 库爬取华信教育资源网中的中等职业教育计算机图书的相关信息，并将所获取的信息写入本地 XLS 文件中。

任务拓展

（1）在京东网上爬取华为手机的商品信息，并存储到 Excel 表格中。

（2）在当当网上爬取“计算机/网络”图书排行榜信息，并存储到 Excel 表格中。

任务 32 文件自动整理

任务描述

在实际工作中，经常把下载或制作的文件随意地存放在磁盘中，查找时又经常忘记存放的位置。用 Python 编写一个程序，以对文件按照其扩展名整理到同类型的文件夹中。

任务分析

1. 导入需要的模块

具体代码如下:

```
import os
import shutil     #主要作用是复制文件或移动文件
import glob       #该模块用来查找文件目录和文件
```

os 模块可以完成操作系统层面的大量操作，如文件夹的创建、移动、重命名、删除等，有些功能实现得并不是很完美，这就需要用到 shutil 库与其互补了，如文件的复制、移动等。glob 模块可以利用通配符进行文件的搜索和获取，功能非常强大。

2. 设置文件夹

建立分类总文件夹的路径（这里可按实际路径修改）。示例代码如下:

```
mkdir_path = r'C:\Users\chenx\文件夹分类'
# 设置需要遍历整理的文件夹路径，可以依据实际需求修改
goal_dir = r'C:\xxxxxxxx)'
```

3. 判断文件夹是否存在

判断用于存放文件的文件夹是否存在，如果不存在则创建该文件夹。示例代码如下:

```
if not os.path.exists(mkdir_path):
    os.mkdir(mkdir_path)
```

os.mkdir 可以在指定路径创建文件夹，但如果文件夹已经存在则会报错，因此需要首先用 os.path.exists( )对文件夹的存在与否进行判断，如果不存就创建该文件夹。使用 glob 模块对需要整理的磁盘及文件夹进行遍历，以获取所有文件。示例代码如下:

```
for file in glob.glob(f'{goal_dir}/**/*', recursive=True):
    if os.path.isfile(file):
        print(file)
```

在 glob.glob(f'{goal_dir}/**/*', recursive=True)中，“**/*”是通配符的重要用法，“*”

可以代表任意个字符，包括 0 个字符，recursive 参数用于确保遍历。由于需要找出所有的文件而非文件夹，所以这里用 os.path.isfile 进行判断。在打印文件的绝对路径前需首先检查代码是否有错误。

4. 获取文件名

获取文件的扩展名，建立相应文件类型的文件夹并进行归类。示例代码如下:

```
for file in glob.glob(f'{goal_dir}/**/*', recursive=True):
    if os.path.isfile(file):
        filename = os.path.basename(file)
        if '.' in filename:
            suffix = filename.split('.')[-1]
        else:
            suffix = 'others'
        if not os.path.exists(f'{mkdir_path}/{suffix}'):
            os.mkdir(f'{mkdir_path}/{suffix}')
        shutil.copy(file, f'{mkdir_path}/{suffix}')
```

确认遍历到的是文件后，可用 os.path.basename 获取绝对路径中的文件名。用 split 根据 "." 切分字符串，获取的最后一个元素就是后缀名，有些文件没有后缀名，且名字中也没有 "."，这时用字符串方法 split 就会报错。因此，需要首先判断文件中有没有 "."。将没有 "." 的文件类型统一移动到 others 文件夹。

知识准备

8.8 glob 模块

glob 是 Python 自带的一个文件操作相关模块，以用于查找符合自己要求的文件，类似 Windows 下的文件搜索，该模块支持通配符操作，"*" 通配符代表 0 个或多个字符，"?" 通配符代表一个字符，"[]" 通配符用于匹配指定范围内的字符。

glob 模块的主要方法就是 glob，该方法返回所有匹配的文件路径列表，该方法需要一个参数用来指定匹配的路径字符串（该字符串可以是绝对路径也可以是相对路径），使用示例如图 8-7 所示。

```
>>> import glob
>>> glob.glob(r'f:\file')
['f:\\file']
>>> glob.glob(r'f:\file\**\*')
['f:\\file\\files\\file.docx',
```

图 8-7 使用示例

8.9 os.path.basename

os.path.basename 用于返回 path 最后的文件名，即 os.path.split(path)的第二个元素。如果 path 以 " / " 或 "\" 结尾，那么就会返回空值。示例代码如下:

```
>>> import os
>>> path = './work/python/task/split.py'
>>> os.path.dirname(path)
'./work/python/task'
>>> os.path.basename(path)
'split.py'。
```

任务实施

根据任务分析，本任务代码实现如下:

```
import os                                        #导入os模块
import shutil                                    #导入shutil模块
import glob                                      #导入glob模块
mkdir_path = r'f:\file'                          #整理完成的文件夹
goal_dir = r'f:\files_ok'                        #需要整理的文件夹
if not os.path.exists(mkdir_path):               #判断整理完成的文件夹是否存在
    os.mkdir(mkdir_path)                         #如果判断结果为True则建立该文件夹
file_num = 0                                     #初始值为0
dir_num = 0                                      #初始值为0
str='文件整理程序'
print(str.center(30,'*'))
for file in glob.glob(f'{goal_dir}/**/*', recursive=True): #循环goal_dir文件夹内所有文件
    if os.path.isfile(file):                     #判断是否为文件
        #指定整理的文件类型
        if  os.path.splitext(file)[1] in ['.pdf','.jpg','.txt','.bmp','.docx','.xlsx','.pptx']:
            filename = os.path.basename(file)    #返回基本文件名
            if '.' in filename:
                suffix = filename.split('.')[-1] #获取扩展名
            else:
                suffix = 'others'    #文件没有扩展名就把它放至others文件夹
            if not os.path.exists(f'{mkdir_path}/{suffix}'): #判断路径是否存在
                os.mkdir(f'{mkdir_path}/{suffix}')    #建立文件夹
                dir_num += 1
            shutil.move(file, f'{mkdir_path}/{suffix}') #移动文件到指定的文件夹
            file_num += 1
print(f'整理完成，有{file_num}个文件分类到了{dir_num}个文件夹中') #输出相关信息
```

程序运行结果如图 8-8 和图 8-9 所示。

```
************文件整理程序************
整理完成，有4个文件分类到了2个文件夹中
```

图 8-8　程序运行结果（1）

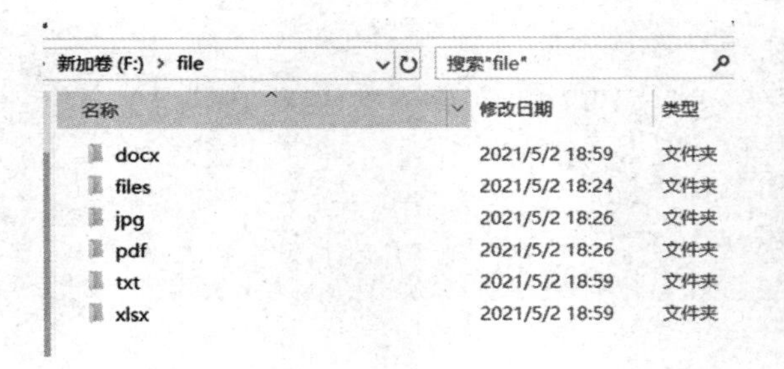

图 8-9 程序运行结果（2）

任务总结

实现文件自动整理，需要 os、glob、shutil 三个标准模块的综合运用。os.listdir(path)用于返回 path 下的所有文件名；shutil.move(a,b)用于把文件从 a 路径移动到 b 路径；os.path.exists( )用于判断路径是否存在，返回值为 True 或 False；os.makedirs( )用于创建文件夹。string.split( )用于分割字符串，返回值是一个列表。

主要实现思路：（1）识别不同后缀名的文件；（2）使用 Python 的某个模块将文件移动到指定文件夹中。

任务检测

（1）用 os.walk( )方法遍历指定文件夹下所有的文件及子目录下所有文件。

（2）获取一个文件名的主文件名和扩展名的方法有哪些?